Python(パイソン)で動かして学ぶ!

あたらしいIoT(アイオーティー)の教科書

株式会社VOST 著

SE SHOEISHA
AI AI&TECHNOLOGY

本書内容に関するお問い合わせについて

このたびは翔泳社の書籍をお買い上げいただき、誠にありがとうございます。
弊社では、読者の皆様からのお問い合わせに適切に対応させていただくため、以下のガイドラインへのご協力をお願いいたしております。
下記項目をお読みいただき、手順に従ってお問い合わせください。

ご質問される前に

弊社Webサイトの「正誤表」をご参照ください。これまでに判明した正誤や追加情報を掲載しています。

正誤表　https://www.shoeisha.co.jp/book/errata/

ご質問方法

弊社 Web サイトの「刊行物Q&A」をご利用ください。

刊行物 Q&A　https://www.shoeisha.co.jp/book/qa/

インターネットをご利用でない場合は、FAXまたは郵便にて、下記翔泳社愛読者サービスセンターまでお問い合わせください。電話でのご質問は、お受けしておりません。

回答について

回答は、ご質問いただいた手段によってご返事申し上げます。ご質問の内容によっては、回答に数日ないしはそれ以上の期間を要する場合があります。

ご質問に際してのご注意

本書の対象を越えるもの、記述箇所を特定されないもの、また読者固有の環境に起因するご質問等にはお答えできませんので、予めご了承ください。

郵便物送付先およびFAX番号

送付先住所　〒160-0006　東京都新宿区舟町5
FAX 番号　03-5362-3818
宛先　㈱翔泳社 愛読者サービスセンター

PREFACE はじめに

今、世の中が大きく変わってきています。

スマートフォンが日本に普及し始めて10年以上。IoT、AI、ブロックチェーンなど、新しい技術が出てくるスピードも加速し、世の中の仕組み自体が変わろうとしています。その一方で、労働人口は減ってきており、今までどおりのやり方では業務がまわらなくなるといわれています。

働き方改革により、働き方や仕事に対する個人の対峙の仕方が大きく変わる今、人材育成やノウハウの伝承などに大きな注目が集まっています。また、外国人労働者など、文化や国の違う人とのコミュニケーションも今まで以上に円滑にしなければならない社会になってきています。

そのような中、世の中を大きく変える仕組みとして、**IoT**が大きな注目を集めています。IoTは、モノのインターネットつまり、あらゆるものがインターネットにつながることで、あらゆる情報が集約され、より便利に、より効率がよくなる仕組みです。

ただしIoTはそれだけで完結するものではなく、集約されたデータをどのように活用するのかまでを考えて初めてその真価を発揮します。例えば、データの分析やAIの活用もそうですし、分析した情報を基に遠隔で機械やスマートフォンなどのデバイスを動作させることで効果が出ます。

本書では、IoTの概要や仕組み、IoTシステムを構築する方法について実際にIoTシステムを構築しながら学んでいただけます。

さらに、IoTで収集したデータをAIを使って分析する方法についても学んでいただけるため、IoTが全く初心者という方でもIoTシステムを一から理解できる内容となっております。

本書がIoTをはじめるきっかけとなれば幸いです。

2020年2月吉日
株式会社VOST
坂元浩二

INTRODUCTION 本書の対象読者

本書はIoTの仕組みと基礎知識について、Pythonを動かしながら学べる書籍です。以下のような方を対象にしています。

- IoT技術の基本や仕組みを知りたいエンジニアの方
- Python言語でIoTの基本や仕組みを知りたい方

INTRODUCTION 本書のサンプルの動作環境とサンプルプログラムについて

本書の第3章から第8章のサンプルは表1の環境で、問題なく動作することを確認しています。付録2はOSをWindows 10 Home、ブラウザをMicrosoft Edgeの環境で動作を確認しています。

表1 実行環境

項目	内容
NOOBS	3.0.1
Raspbian GNU/Linux	9.8 (stretch)
Python	3.5.3
OS	Windows：10 Home 1909 macOS：Mojave 10.14.5
ブラウザ	Microsoft Edge 44.18362.449.0
WebIOPI	0.7.1
Tera Term	4100 Windows
python-opencv	3.2.0+dfsg-6

付属データのご案内

付属データ（本書記載のサンプルコード）は、著者のサイトからダウンロードできます。

- 付属データのダウンロードサイト
  URL https://iot-kenkyujo.com/book/

注意

付属データに関する権利は著者および株式会社翔泳社が所有しています。許可なく配布したり、Webサイトに転載したりすることはできません。

付属データの提供は予告なく終了することがあります。予めご了承ください。

会員特典データのご案内

会員特典データは、以下のサイトからダウンロードして入手いただけます。

- 会員特典データのダウンロードサイト
  URL https://www.shoeisha.co.jp/book/present/9784798162492

注意

会員特典データをダウンロードするには、SHOEISHA iD（翔泳社が運営する無料の会員制度）への会員登録が必要です。詳しくは、Webサイトをご覧ください。

会員特典データに関する権利は著者および株式会社翔泳社が所有しています。許可なく配布したり、Webサイトに転載したりすることはできません。

会員特典データの提供は予告なく終了することがあります。予めご了承ください。

免責事項

付属データおよび会員特典データの記載内容は、2020年2月現在の法令等に基づいています。

付属データおよび会員特典データに記載されたURL等は予告なく変更される場合があります。

付属データおよび会員特典データの提供にあたっては正確な記述につとめましたが、著者や出版社などのいずれも、その内容に対して何らかの保証をするものではなく、内容やサンプルに基づくいかなる運用結果に関してもいっさいの責任を負いません。

付属データおよび会員特典データに記載されている会社名、製品名はそれぞれ各社の商標および登録商標です。

著作権等について

付属データおよび会員特典データの著作権は、著者および株式会社翔泳社が所有しています。個人で使用する以外に利用することはできません。許可なくネットワークを通じて配布を行うこともできません。個人的に使用する場合は、ソースコードの改変や流用は自由です。商用利用に関しては、株式会社翔泳社へご一報ください。

2020年2月
株式会社翔泳社　編集部

CONTENTS

第3章 Raspberry Piのセットアップと基本操作 031

第4章 センサーによるデータの取得 071

第5章 クラウドストレージにデータを保存 085

第8章 IoTとAI 145

第9章 IoTとセキュリティ 179

Appendix 1 IoT関連のTIPS 187

Appendix 2 Azure Machine Learningを利用した人工知能の作り方 193

Appendix 3 Pythonの基礎 215

第1章 IoTの概要

私たちの日常生活で利用する交通機関や日頃利用する商品など、様々な産業でIoTを利用したソリューションが活用されはじめています。
本章ではIoTの活用事例を紹介を交えながら、IoTの概要を解説します。

1.1 IoTとは

本書を手に取った方であれば、IoTが**Internet of Things**の略で、モノのインターネットを意味していることはご存知かもしれません。しかし、IoTとひとことでいっても様々なIoTがあり、人によっていろいろなケースを思いつくと思います。

例えば、**スマートスピーカー**や**スマートロックキー**、**留守番カメラ**等、家庭内で利用するものから、**工場の稼働状況の可視化**や**異常検知**といった産業で利用されるIoTなどがあります（図1.1）。

IoTは従来、インターネットに接続されていなかった様々なモノが、インターネットに接続されることによって、ネットワークを通じて情報の収集や分析、可視化など、サーバーやクラウドサービスを利用して相互に情報交換をする仕組みであるため、いろいろなケースで利用されています。

そこで、本章ではIoTの仕組みを解説する前にIoTがどのような場面で活用されているかについて紹介します。

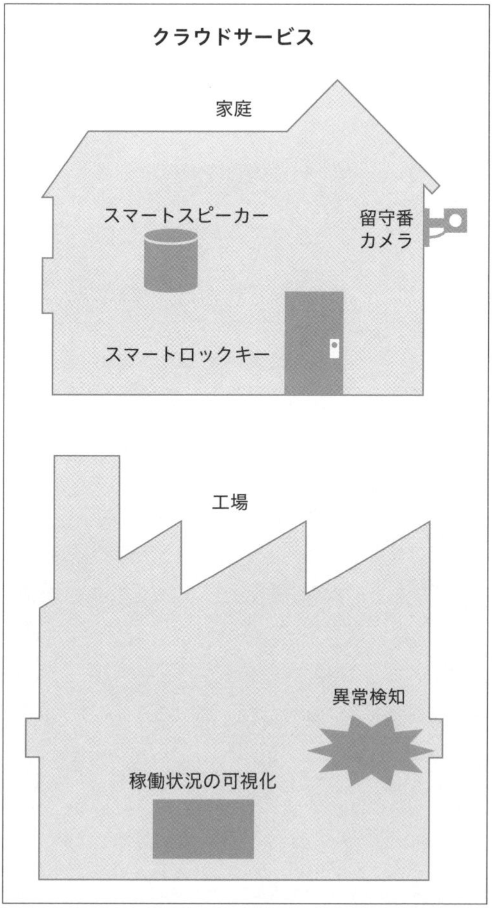

図1.1
家庭内で利用されるIoTデバイス、工場で利用されるIoTデバイス

1.2 IoTの活用事例

ここからは、IoTをビジネスに活用している企業や産業分野をピックアップして紹介します。

1-2-1 活用事例①

高速バス大手のWILLER EXPRESS株式会社は、近年増加しているバス事故を未然に防ぐために、運行する全229台のバスにIoTウェアラブルセンサー「FEELythm（フィーリズム）」を導入しました。

「FEELythm」を装着することで、乗務員の運転中の脈波を常時計測し、眠気を予兆で検知できるようになります。

眠気の予兆が出た場合はセンサーが振動し本人に通知し、さらに運転管理システムを通じて運行管理部に通知を出すことで管理者から乗務員に休憩の指示を出すことが可能です（図1.2）。

図1.2 活用事例①

出典 WILLER EXPRESS：「WILLER EXPRESSの安全への取り組み」を参考
URL https://www.willerexpress.co.jp/safety/

1-2-2 活用事例②

SFA Japan株式会社は、SFAポンプの監視を常時できるシステムを模索していました。そこで、SFAポンプとIoTソリューションでシステムを実現しました。

具体的には、SFAポンプの異常を検知した場合、警報装置「サニアラーム」が警報信号を発信。その信号が「IoT無線ユニット」を通じSigfox通信で設備保全担当者のスマートフォンに送信されるようにしました（図1.3）。

これによりトラブルに対して迅速に処理できるようになりました。

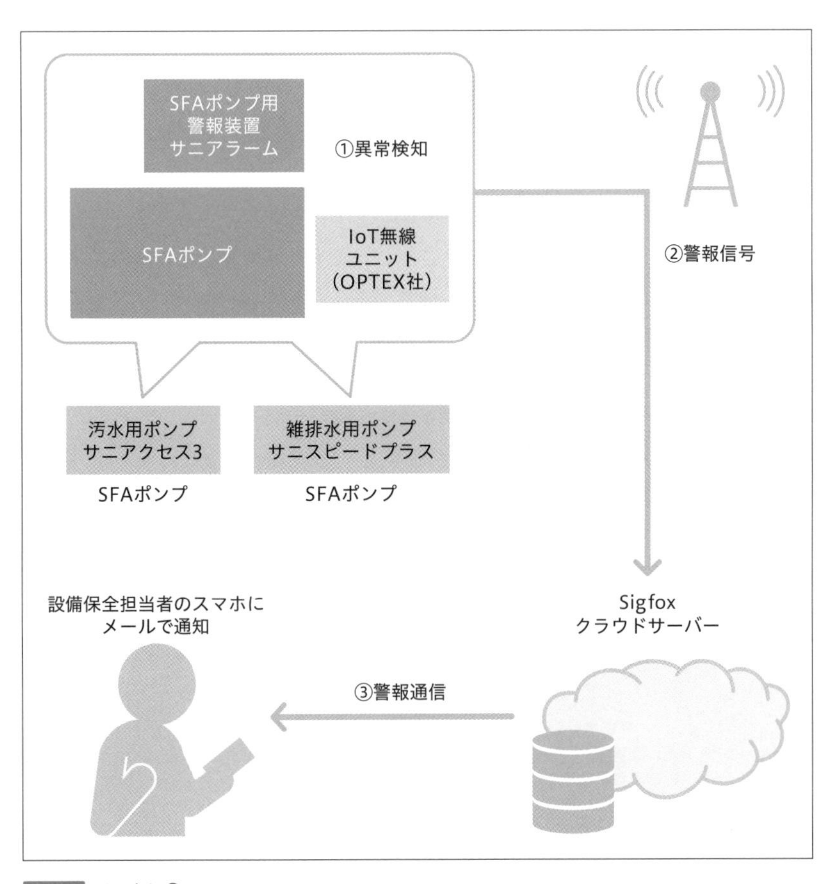

図1.3 活用事例②

出典 京セラコミュニケーションシステム株式会社：「SFAポンプ IoT遠隔監視システム」を参考
URL https://www.kccs-iot.jp/files/2515/6878/6465/leaflet-sfa.pdf

1-2-3 活用事例③

生産管理にIoTを利用するケースも増えてきています。例えば、商品の製造工程で不良品などがあれば、生産ラインで検知したり、製品テスト段階で製品の条件に満たない製品があれば異常値として知らせるなど、広がりを見せています（図1.4）。

従来は、人間の目や、専門職の長年の経験などによって行われてきた工程でも、IoTによる生産管理ソリューションを利用することで、製品の品質の向上につなげることが可能となります。

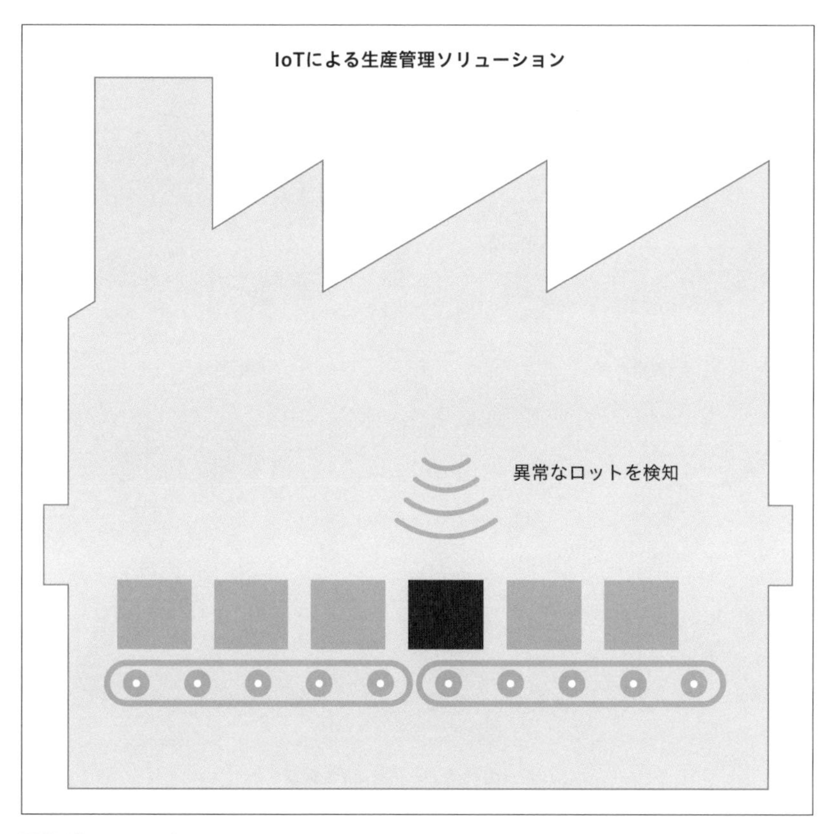

図1.4 活用事例③

1-2-4 活用事例④

地球温暖化の防止が叫ばれる現在。二酸化炭素を排出する火力発電などに代わり、二酸化炭素を排出しない循環型の自然エネルギーに注目が集まってきています。そのような自然エネルギーの発電の現場でも、IoTは注目されています。

風力発電、太陽発電、水力発電、地熱発電といった発電エネルギーの管理や、蓄電池への供給状況の把握など、様々な自然エネルギーインフラの構築にIoTが利用されはじめています（図1.5）。

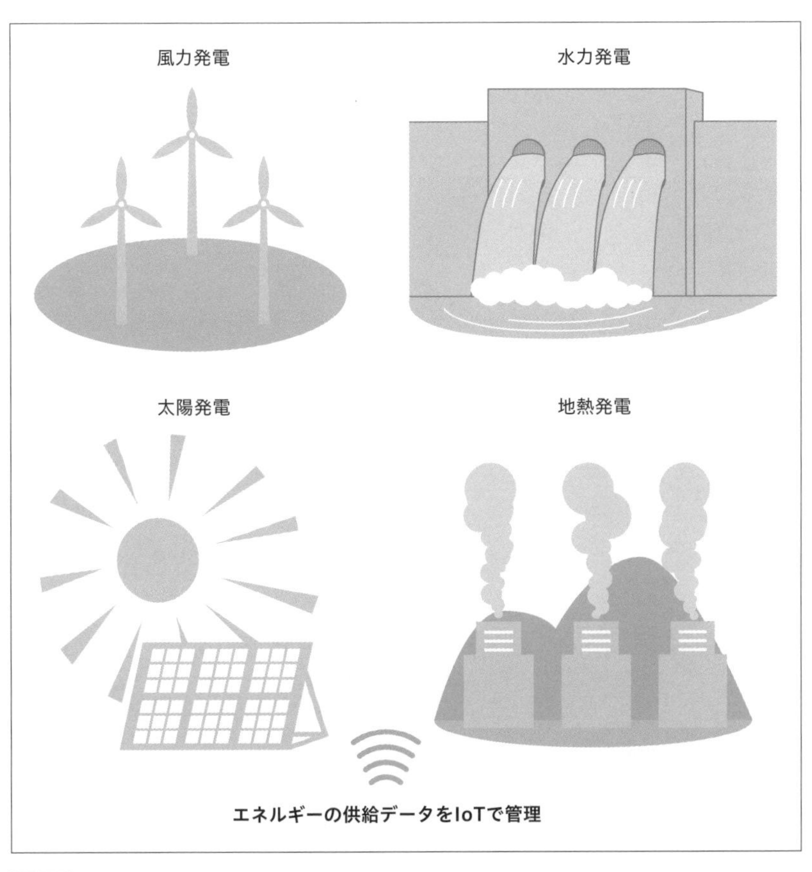

図1.5 活用事例④

1-2-5 活用事例⑤

大手農機メーカーの株式会社クボタは、GPS（全地球測位システム）の位置情報からマップを自動生成し、最適な作業ルートを算出して無人で自動運転を行えるアグリロボトラクタMR1000A【無人仕様】の販売を2019年12月から始めました（図1.6）。自動運転時に障害物を検知した場合は自動停止します。

また、農業経営支援のクラウドサービス「KSAS（クボタスマートアグリシステム）」と連動することで、機械の位置や稼動情報をスマートフォンなどで確認することもできます。

図1.6 活用事例⑤

出典 自動運転農機「アグリロボトラクタ」（クボタ）
URL https://agriculture.kubota.co.jp/product/tractor/agrirobo_mr1000-unmanned/ より引用

1.3 様々な産業で広がるIoTの利用

IoTが広がる中、IIoTという言葉も生まれています。

1-3-1 IIoT（Industrial Internet of Things）

様々な分野で活用されているIoTの技術ですが、産業用のIoTとして**IIoT（Industrial Internet of Things）**という言葉が使われるようになってきており、PTC社の「ThingWorx」やファナック社の「Field System」、シーメンス社の「Mind Sphere」といったIIoTに強みを持つプラットフォーム製品も販売されています。

1-3-2 IIoTとは

それでは、IIoTとはどのようなものなのでしょうか。

例えば製造業で考えると、IIoTが利用されるのは実際の製造現場です。各種産業機器の情報を一元管理し、稼働状況や異常の発生をリアルタイムに監視し、機器の自動停止や作業者へのアラート発信を行えます（図1.7）。

さらには、生産管理や在庫管理、売上予測などの情報と紐付けることで、最適な生産活動につなげることができます。

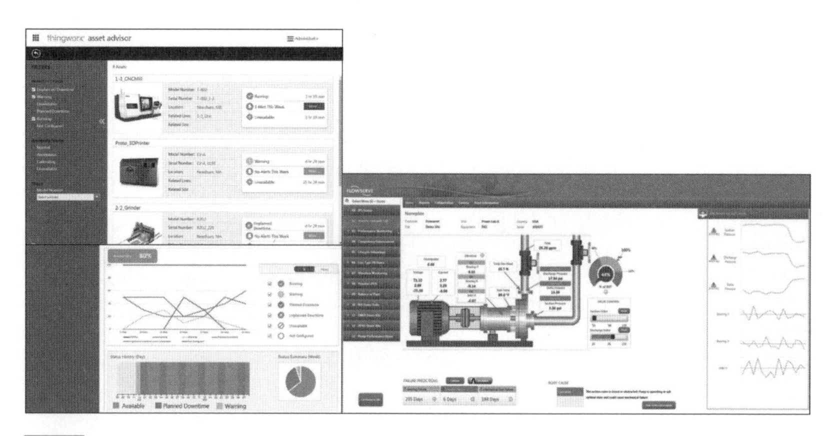

図1.7 ThingWorxを使用した稼働状況の可視化例

出典 ptc：「ThingWorx 産業イノベーション プラットフォーム」より引用
URL https://www.ptc.com/ja/products/iiot/thingworx-platform

いわゆる**スマートファクトリー**や、**インダストリー4.0**という考え方です。

これにより、今まで以上の業務効率化・改善ができて生産効率が上がるだけでなく、様々な機械の動きや人の動きを把握できることでクライアントからの信頼性の高い生産もできるようになります。

さらには、保守保全でもIIoTで集めた情報は活用できます。産業機器の故障や不調を早期発見できるため生産の遅れをなくしたり、スキルの高くない作業者を補助したりするための様々な情報提供が可能になります。

最近では、IIoTで収集したデータを利用し、現場でiPadやMicrosoft Hololensなどを利用したAR（拡張現実）で作業者に情報を提供したり（図1.8）、作業者の育成に利用したりする動きも出てきています。

図1.8 AR（拡張現実）で作業者に情報を提供している例

出典 ptc：「The Top 4 Reasons to Use AR for Manufacturing」より引用
URL https://www.youtube.com/watch?v=P2RnOWqMRD8

1-3-3 様々な問題

しかし、「モノがインターネットにつながる」というシンプルな仕組みから発展したこれらのメリットを享受するまでに、現状では様々な問題が聞かれます。

例えば、データを収集するための機器や設備が導入されていなかったり、データを集約するためのクラウドなどのインフラが制約により使えなかったりなど、設備・環境面の問題、そして、それらの設備やIoTに接続するための技術に詳しい人がいないという人材の問題も出てきています。

また大きなものとして、IoTを導入することによる費用対効果の出し方の難しさや、今までにないビジネスモデルにつながる新規事業の話なので「何から手を付けていいのかわからない」といった声もよく聞かれます（図1.9）。

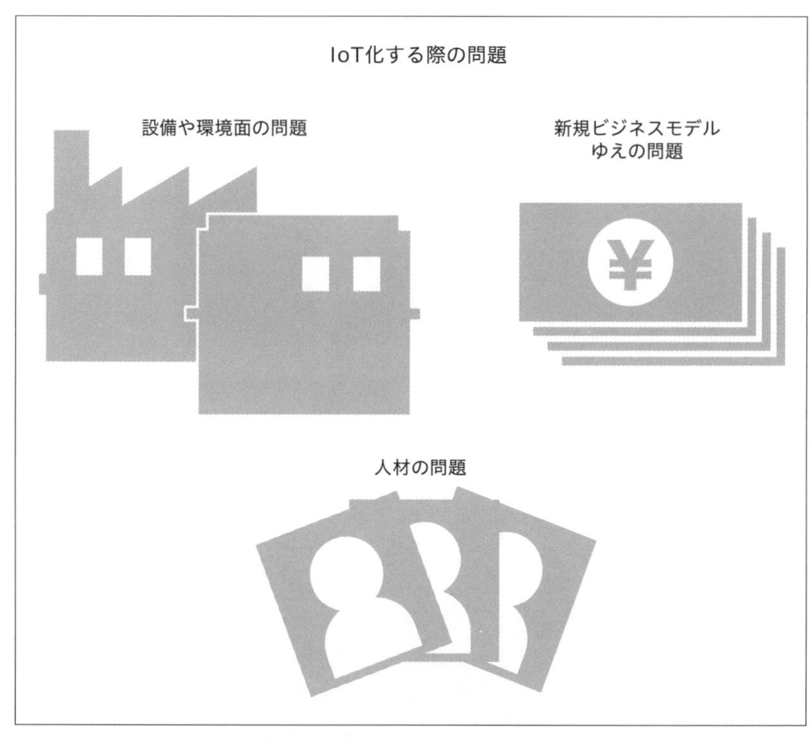

図1.9 IoT導入にまつわる様々な問題

これらの現状と問題を踏まえると、「IoTを活かした成果とプロセスの見える化」が必要となります。

1.4 IoTがもたらすソサエティ5.0

日本政府が提唱する「ソサエティ5.0」について紹介します。

1-4-1 ソサエティ5.0

日本政府が提唱する未来社会のコンセプト「**ソサエティ5.0**」をご存知でしょうか？

ソサエティ5.0は、狩猟社会（Society 1.0）、農耕社会（Society 2.0）、工業社会（Society 3.0）、情報社会（Society 4.0）に続く、新たな社会を指すもので、目指すべき未来社会の姿として初めて超スマート社会（Society5.0）として提唱されました（図1.10）。

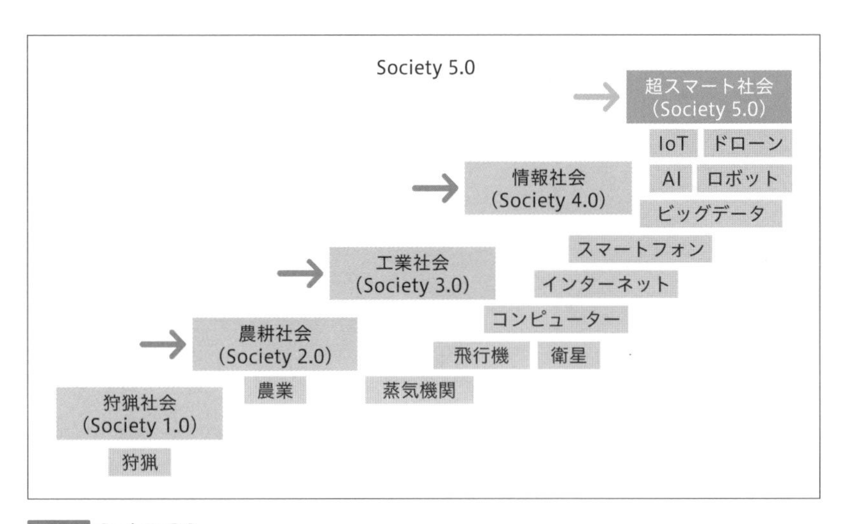

図1.10 Society 5.0

参考 政府広報オンライン
URL https://www8.cao.go.jp/cstp/society5_0/index.html

ソサエティ5.0ではIoTを利用して、現実空間のセンサーなどから取得した膨大な情報をビッグデータとしてクラウドに集積し、このビッグデータをAI（人工知能）が解析します。そして、AI（人工知能）が解析した結果を人間に様々な形でフィードバックしてくれます。例えば、冷蔵庫に内蔵されているAIがおすすめのレシピを提案してくれたり、無人トラクタが畑を耕したりなど、様々な分野での活用が挙げられます。(図1.11)。

IoTやAIなどの技術発展によってこのような未来が訪れるのはとても楽しみですね。

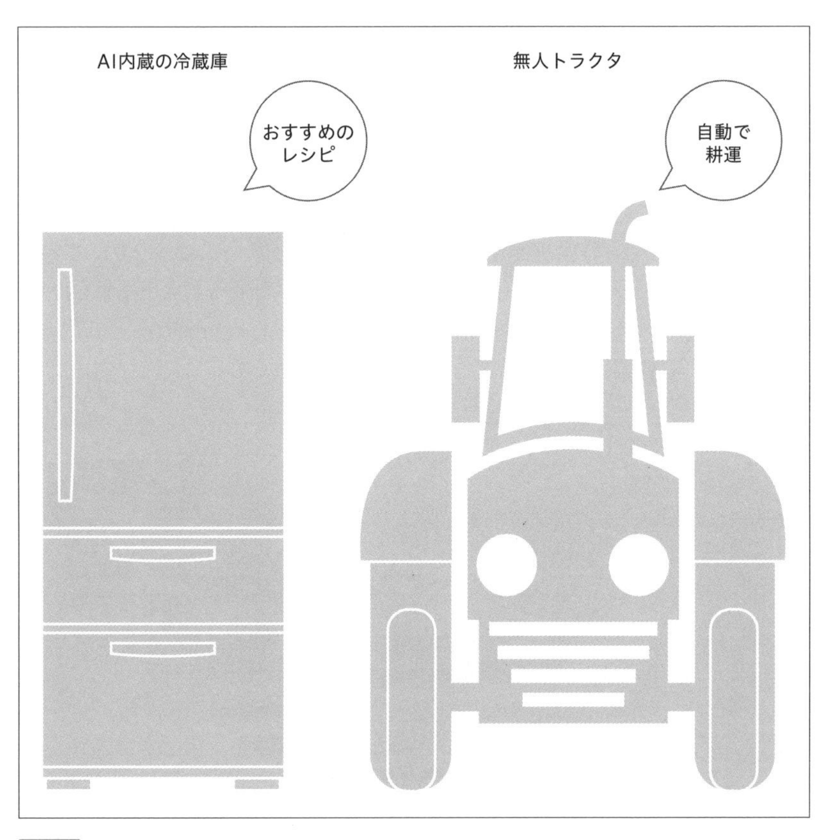

図1.11 ソサエティ5.0の世界の一例

第2章 IoTの仕組み

第1章では、IoTの活用事例やその未来について解説しましたが、本章ではIoTの仕組みや構成される要素について解説していきます。また、章末では第3章以降で構築するIoTシステムの概要を説明します。

2.1 IoTでできること

ひとことでIoTといっても、IoTでできることは複数あります。具体的には、「**データの蓄積**」、「**可視化**」、「**制御**」、「**自動化**」、「**最適化**」、「**自律性**」などが挙げられます。

データの蓄積

センサーなどのデバイスを通じてビッグデータをクラウドストレージに収集します。収集したビッグデータを、分析することで故障の予兆などを事前に見つけることができます（図2.1）。

また、蓄積したビッグデータは人工知能（AI）の機械学習に利用することも可能です。

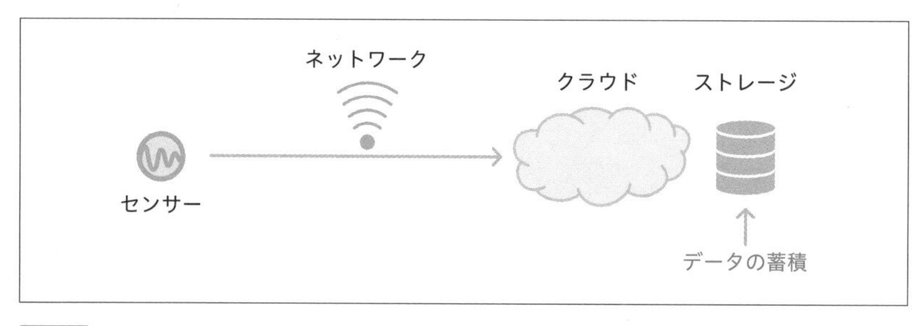

図2.1 データの蓄積

可視化

デバイスを通じて収集した情報を元に対象となるモノの状態や動作をモニタリング、可視化します（図2.2）。

例えば、工場にある機械にセンサーを取り付けることで、稼働率を可視化し、それらのデータから改善することなどができます。

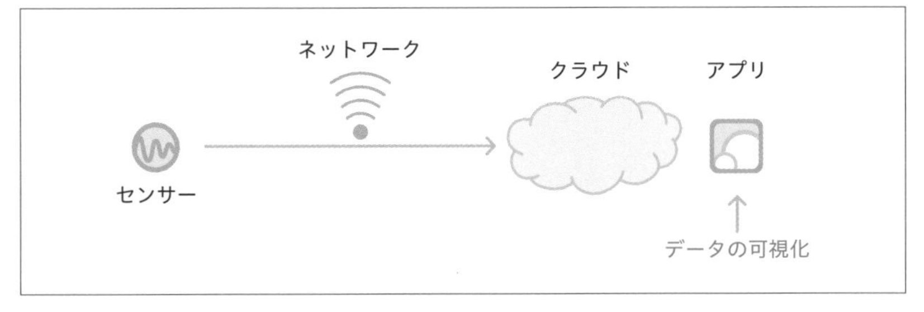

図2.2 データの可視化

制御

人による遠隔操作や、プログラムによるルールでモノを制御します（図2.3）。

スマートロックキーなどはこの「制御」になります。

モノがインターネットに接続されることで様々なモノの遠隔操作が可能になります。

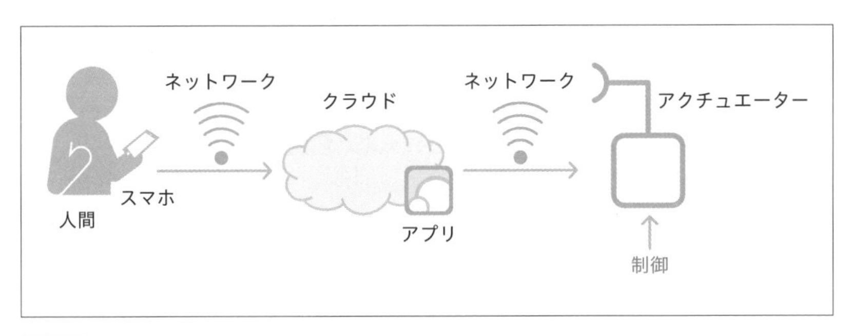

図2.3 制御

自動化

データ分析により、人の手を介さずに自動で様々な処理や操作を行います。

自動化には、IoTの概念と似た**M2M**（**Machine-to-Machine：マシンツーマシン**）があります。

M2Mは、機器がネットワークに接続されることにより、機械同士が人間の介在なしにコミュニケーションをして動作するシステムで、機械から機械が情報を収集する、機械が機械をコントロールすることを目的としています（図2.4）。

機械と機械がつながることにより、人間が介在することがなくなります。その、工場の生産ラインや工事現場などで活用されています。

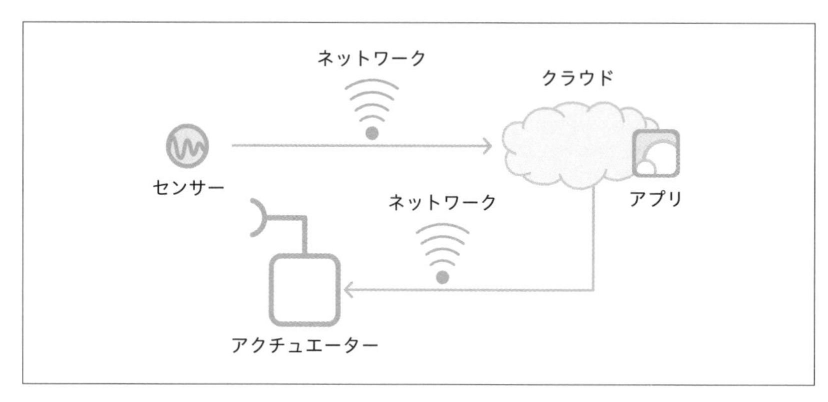

図2.4 自動化（M2M）

最適化

AIを利用することで、単に自動化するだけでなく条件や状況に応じて最適な処理を行います。

例えば、家庭内のセンシングデータをAIが分析し、家主が留守の際には自動で鍵を閉めるスマートロックキーが挙げられます（図2.5）。

「制御」や「自動化」との違いは、収集したデータをAIが分析することで、人がルールをプログラムすることなくモノを制御することができます。

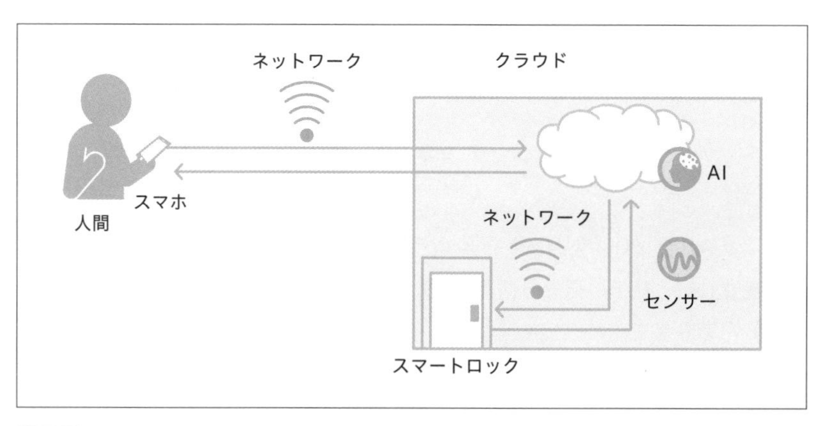

図2.5 最適化（スマートロックキー）

自律性

人の手を介さず、データの蓄積/可視化/制御/自動化/最適化を行うことで自律性を備えます。

自律性まで備えると、日本政府が定めている「ソサエティ5.0」のように、冷蔵庫に搭載されている人工知能が冷蔵庫の中身や、体調を管理してメニューを提案してくれるなど、未来の技術を実現できるようになります（図2.6）。

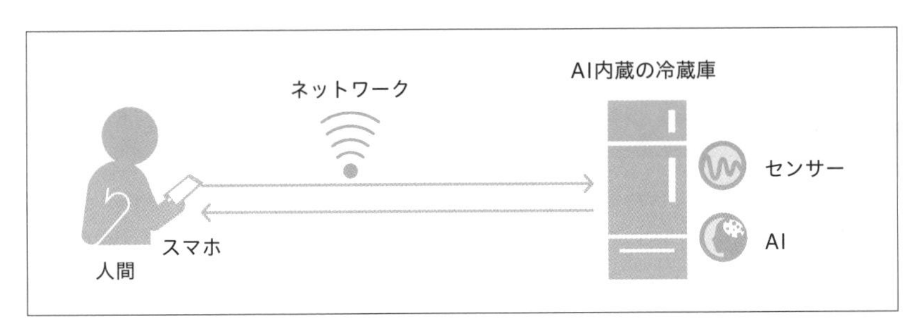

図2.6 自律性（AI内蔵の冷蔵庫）

2.2 IoTの基本的な仕組み

IoTを構成する要素として代表的なものが「デバイス（センサー/アクチュエーター)」、「ネットワーク」、「クラウド（アプリ/ストレージ)」です。

図2.7がIoT全体の簡略図となります。

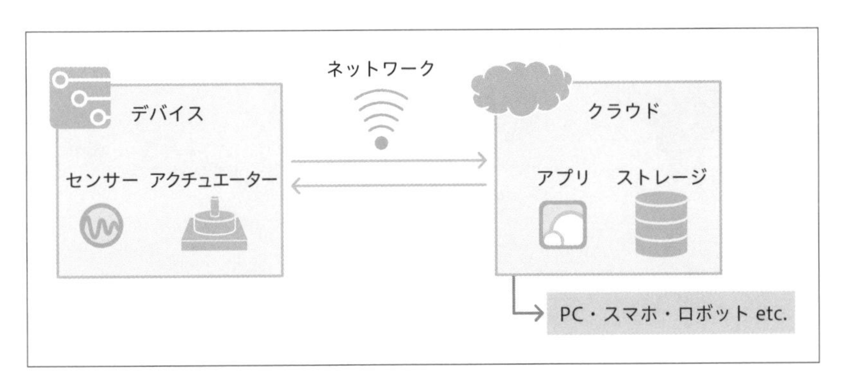

図2.7 IoT全体の簡略図

IoTデバイスである「センサー」からデータを取得し、「ネットワーク」を介して「クラウド」にデータを送信します。

送信されたデータはクラウド内の「ストレージ」に蓄積され、アプリケーションにより可視化・分析・予測に用いられます。

可視化・分析・予測された結果を元に、アクチュエーターを制御したり、外部のサービス（PC、スマホ、ロボット、etc.）などと連携します。

2.3 デバイスとは

ここでいうデバイスには、**センサー素子**と連携して観測データを取得する**センサーデバイス**（2.3.1項）や、データ分析の結果を受けてモーターなどの**アクチュエーター**を駆動する**制御デバイス**（2.3.2項）があります。

2-3-1 センサーデバイス

ひとことでセンサーといってもたくさんの種類があります。**温度**、**加速度**、**角速度**、**音声**、**画像**、**映像**、**振動**、**位置情報**などです。

それでは、どのようにしてセンサーを制御するのでしょうか。例えば、温度センサーを使って温度のデータを取得したいとします。温度データを取得したいので温度センサーを用意します。例えば、図2.8のような温度センサーです。

図2.8 温度センサーの例

出典 株式会社秋月電子通商：「ＡＤＴ７４１０使用　高精度・高分解能　Ｉ２Ｃ・１６Ｂｉｔ　温度センサモジュール」より引用

URL http://akizukidenshi.com/catalog/g/gM-06675/

この温度センサーは本書でも利用する市販されている温度センサー「ＡＤＴ７４１０使用　高精度・高分解能　Ｉ２Ｃ・１６Ｂｉｔ　温度センサモジュール」です。ただし、これだけでは温度データを取得することはできません。

実は、この温度センサーデバイスは**センサー素子**と呼ばれるものです。センサー素子は、**マイコン（CPU）**がインターフェイス（I/F）で接続されることによってセンサーデバイスとして構成されます（図2.9）。

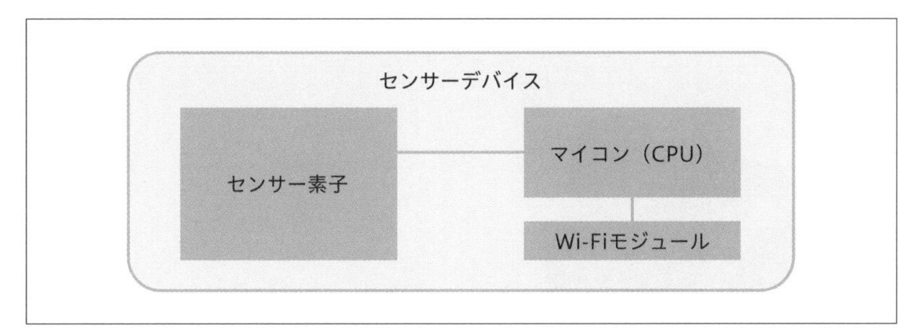

図2.9 センサーデバイスの構成要素

センサー素子とマイコンが一体化している製品は珍しく、市販されているセンサーはセンサー素子を指すことが多いです。マイコン（CPU）によってセンサー素子が制御されデータを取得します。さらに、IoTシステムを構築する場合、取得したデータはWi-Fiモジュール等によるネットワーク通信でクラウドに送られます。

2-3-2 制御デバイス（アクチュエーター）

アクチュエーターは、センサーデバイスから取得したデータを分析し、その結果を基に制御することができます。代表的なアクチュエーター（モーター）の種類には以下の4つがあり、用途によって使い分けます。

DCモーター

永久磁石の中でコイルが回転するモーターです（図2.10）。直流電圧と負荷で回転数が決まります。

図2.10 DCモーター

出典 株式会社秋月電子通商：「DCモーター　FA－130RA－2270」より引用

URL http://akizukidenshi.com/catalog/g/gP-06437/

サーボモーター

サーボモーターは、回転を制御できるモーターです（図2.11）。回転位置や回転速度を検出するエンコーダを持ちます。

図2.11 サーボモーター

出典 株式会社安川電機：「サーボモータとは」より引用
URL https://www.yaskawa.co.jp/product/mc/about-servo

ステッピングモーター

1回のパルスで一定の角度だけ回転するモーターです（図2.12）。

図2.12 ステッピングモーター

出典 株式会社秋月電子通商：「バイポーラ　ステッピングモーター　ST−42BYH1004」より引用
URL http://akizukidenshi.com/catalog/g/gP-07600/

振動モーター

振動モーターは、重心をずらすことで振動を発生させるモーターです（図2.13）。携帯電話のバイブ機能などで利用されています。

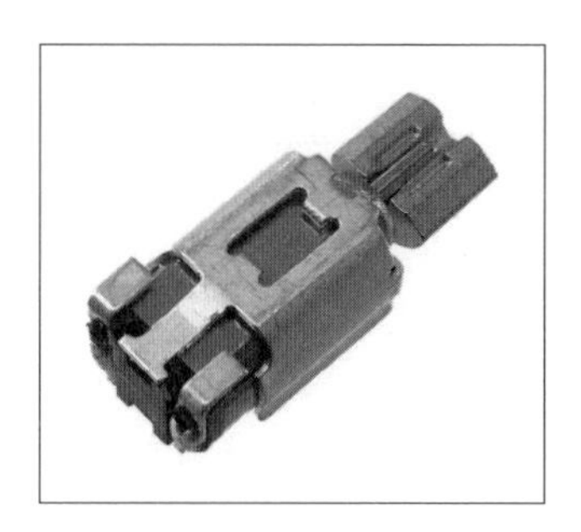

図2.13 振動モーター

出典 株式会社秋月電子通商：「円筒形　振動モーター　ＬＡ４−５０３ＡＣ２」より引用
URL http://akizukidenshi.com/catalog/g/gP-06786/

2-3-3 シングルボードコンピューター

2.3.1項でセンサー素子とマイコンについて触れました。初心者の方が電子回路について学び、一からセンサーデバイスを構築していくのはなかなか大変なことですが、シングルボードコンピューターを利用すれば、簡単にマイコンでセンサー素子を制御できます。

シングルボードコンピューターは1枚の回路基板上にマイコン（CPU）やストレージ（HDD）、通信モジュールなどのコンピューター要素をひととおり構成した基板です。

シングルボードコンピューターは自作することもできますが、目的に応じて、様々な仕様のものを各メーカーが開発しています。

以下、代表的なシングルボードコンピューターを4つ紹介します。

Raspberry Pi（ラズベリーパイ）

Raspberry Piはコンピューターのカテゴリに属しますが、従来のコンピューターにはない「GPIO」と呼ばれるピンがあり、ここにセンサーやアクチュエーターといったデバイスを接続して制御することができます。

OSはLinuxで動作するため、ライブラリやスクリプト言語を使って高度な処理を行うことができます。

Raspberry Piは高性能である反面、消費電力が大きいため常時電力が供給できない場合は、必要な時だけ起動するようにするなどの制限があります。

機能を制限し小型化した「Raspberry Pi Zero」シリーズもあります。

本書ではこのRaspberry Piを使用してIoTシステムを構築していきます(図2.14)。

図2.14 Raspberry Pi 3

出典 株式会社スイッチサイエンス：「Raspberry Pi 3 Model B（RSコンポーネンツ日本製）」より引用
URL https://www.switch-science.com/catalog/3050/

Arduino（アルドゥィーノ）

Arduinoはイタリアのインタラクションデザインなどを扱う工科大学※1で、デザインとテクノロジーを融合させるためのプラットフォームとして誕生したマイコンです（図2.15）。

Arduinoの特徴はシンプルで使いやすいことです。また、消費電力も小さく、アナログ通信にも対応しています。

Arduinoはオープンソースで開発されているため、誰でも回路図や基板図、開発ツールのソースコードを見ることができます。

※1 Interaction Design Institute Ivrea。

図2.15 Arduino

出典 株式会社スイッチサイエンス：「Arduino Uno SMD R3」より引用
URL https://www.switch-science.com/catalog/1073/

Arm Mbed（アームエンベッド）

Arm MbedはIPコアと呼ばれるCPUの設計図を開発しているARM社が販売しているIoTデバイスプラットフォームです（図2.16）。

Arm Mbedの特徴は、Webブラウザで開発できることと、ドラッグ＆ドロップでプログラムの書き込みが可能なことです。

オンライン開発環境のためインターネットに接続していないと利用できません。

図2.16 Arm Mbed

出典 朱雀技研工房ストア：「ARM mbed NXP LPC1768 開発ボード」より引用
URL https://store.shopping.yahoo.co.jp/suzakulab/pololu-2150.html

Wio Node（ウィオノード）

Wio NodeはSeeed社から販売されているIoTデバイスです（図2.17）。

Wio Nodeの特徴としては、スマートフォンで設定するだけでセンサーから情報を取得できたり、GPIOを操作できたりすることが挙げられます。

図2.17 Wio Node

出典 株式会社スイッチサイエンス：「Wio Node」より引用
URL https://www.switch-science.com/catalog/2799/

2-3-4 ファームウェア

ファームウェアとは、マイコン上でデバイス（ハードウェア）を動かすプログラムです。従来のファームウェアはセンサー素子などを制御できるだけでよかったのですが、IoTにおけるファームウェアはネットワークの接続やクラウドとの連携も必要となります。

本書ではこのファームウェアにあたるプログラムをプログラミング言語「Python」を使って作成していきます。

2-3-5 ネットワーク

ネットワークの種類について紹介します（図2.18）。

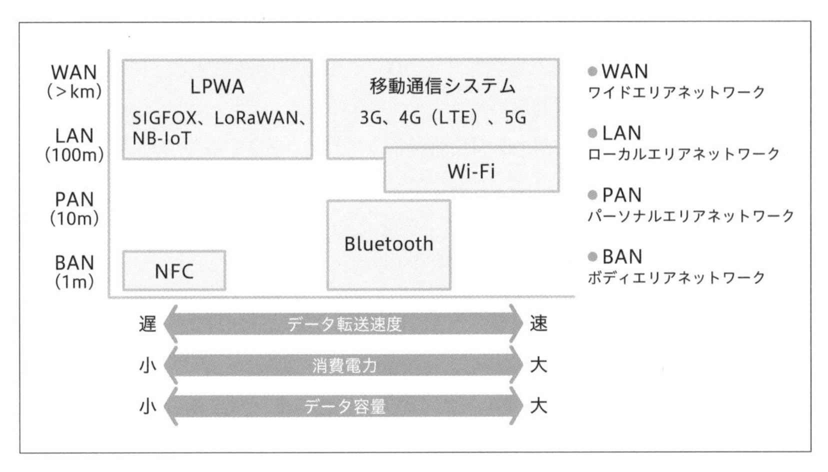

図2.18 ネットワークの種類

Wi-Fi

Wi-Fiとは**無線LAN**の規格のことで、**Wi-Fi Alliance**という業界団体が定めた規格の名称を指します。それまでの無線LANは規格が定まっておらず、製品やメーカーによって接続できないものが多くありましたが、共通規格を設けることで製品の相互接続が可能となりました。

Wi-Fiのロゴは、相互接続可能だと認められた製品に表記されています。またWi-Fiルーターなどの無線LANを使用すれば、パソコンやスマートフォン、タブレットなどのデバイスを無線でインターネットに接続することが可能です。

Wi-Fiルーターは無線LAN親機と呼ばれており、Wi-Fi機器とLANの仲介を行うことができます。

3G / 4G（LTE）

3Gとは携帯電話の通信規格を指し、第3世代移動通信システムと呼ばれています。NTTドコモが2001年にサービスを開始したFOMAはこの3Gサービスの1つです。

LTEは厳密には3.9Gという位置付けですが、開発メーカーや販売店がLTEを

4Gと呼ぶことが多かったため、LTEを4Gと呼ぶのが一般的になっています。Wi-FiやBluetoothとの連携が可能なWiMAX2も4Gの一種です。

5G（移動通信システム）

第5世代移動通信システムを意味する**5G**は、国際電気通信連合（ITU）が定める4Gのさらに次世代の通信規格です。

通信速度は、4Gが100Mbps～1Gbpsなのに対し、5Gでは下り最大10Gbps、将来的には20Gbpsとなると予測されています。また、省電力化により小型デバイスがバッテリーで10年間以上稼働可能なため、IoTシステムの構築にも欠かせないネットワークになることが想定されています。

5Gは高速通信が可能であることから、スポーツ観戦などの映像のリアルタイム配信や、映像のデータ分析などでの活用も期待されています。

LPWA

LPWAはなるべく電力を消費せず遠距離通信を行う通信方式です。

LPWAは「Low Power Wide Area」の頭文字を取った略称で、IoT向けに開発や仕様の策定が進められています。

LPWAは通信を利用する際免許が必要な「ライセンス系」と免許不要の「アンライセンス系」の2つに分かれています。

- ライセンス系
  - NB-IoT（LTE Cat. NB1）：IoTに特化した通信方式でLTEをベースにしています。
- アンライセンス系
  - LoRaWAN：かなり低速ではありますが消費電力を抑えることができます。長距離伝送が可能です。
  - Sigfox：こちらもLoRaWANと同じく低速で、消費電力が少なく長距離伝送に向いています。

Bluetooth

BluetoothはPCやスマートフォン、タブレットなどの周辺機器によく使用されている通信技術です。10mほどの狭い範囲での無線通信を行うので、マウスやキーボード、イヤフォンなどの接続に利用されています。

NFC

NFCとはNear Field Communicationの略称で、10cm程の狭い範囲で通信を行う近距離無線通信規格のことを指します。リーダー機能やP2P機能などが挙げられます。

おサイフケータイなどに使用されている「FeliCa」もNFCと同じ機能を持っています。

2-3-6 クラウド

クラウドの役割には、「**データの保存**（ストレージ）」と「**可視化、分析予測、制御**（アプリケーション）」があります。

ここでは、代表的な3つのクラウドサービスをご紹介します。

Azure

Microsoft社が提供するパブリッククラウドサービスです（図2.19）。

Azureは**PaaS**（Platform as a Service）、**IaaS**（Infrastructure as a Service）、**SaaS**（Software as a Service）に対応しMicrosoft社やサードパーティ各社が提供する様々な機能を組み込むことが可能なクラウドサービスです。

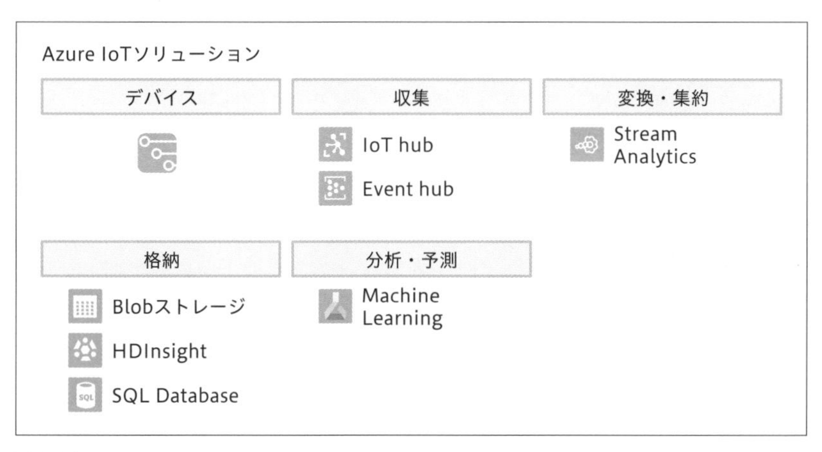

図2.19 Azure IoTソリューション

GCP（Google Cloud Platform）

Google社が提供するパブリッククラウドサービスです（図2.20）。

Google検索やGmail、YouTube、Googleマップなど、Google社の各種サービスを支えるプラットフォームと同等の、高性能で高速、セキュアで安定した強固なインフラを利用できます。

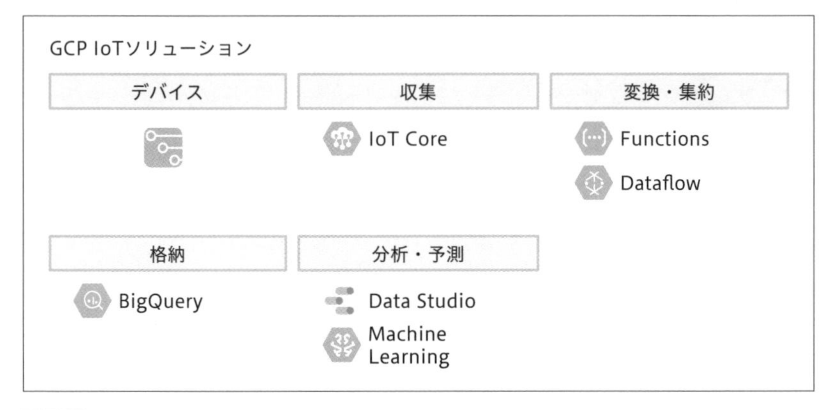

図2.20 GCP IoTソリューション

AWS（Amazon Web Service）

Amazon社が提供するパブリッククラウドサービスです（図2.21）。

世界で一番使われているクラウドサービスで、世界18箇所のリージョン（地理的に離れた領域）、55箇所のアベイラビリティーゾーン（複数の独立した場所）で運用されており、日本には東京と大阪にアベイラビリティーゾーンがあります。

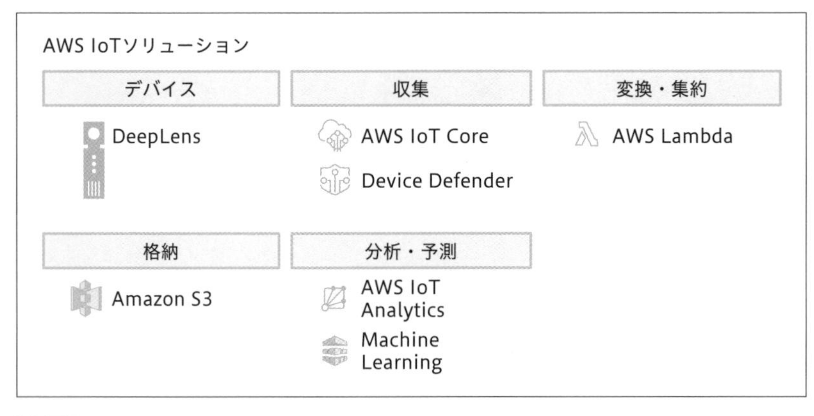

図2.21 AWS IoTソリューション

2-3-7 本書の第4章から第6章で構築するIoTシステムについて

IoTシステムについてもう少しわかりやすく説明するために、本書の第4章から第6章で構築する温度センサーを例に簡単なIoTシステムの構築方法について紹介します（図2.22）。

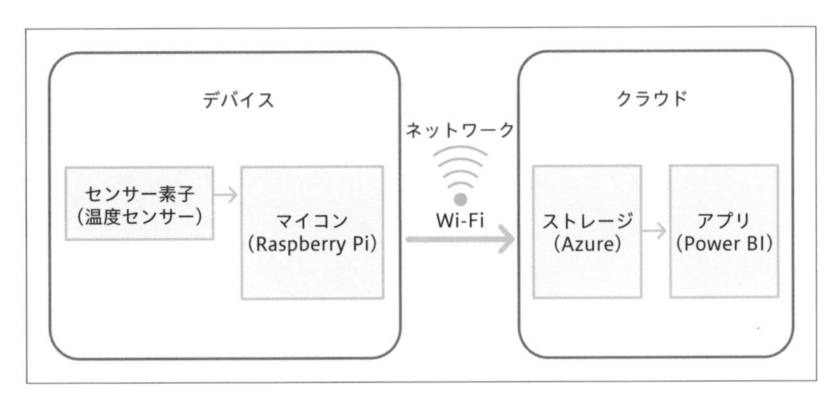

図2.22 温度センサーのIoTシステム構築例

デバイス

まず、デバイスですが、センサー素子には温度センサーを利用します。

ただし、センサー素子だけではデータの値をクラウドに送ることができないため、マイコンとWi-Fiモジュールが必要となります。

本書では、マイコンとWi-Fiモジュールの役割を担うのが、シングルボードコンピューターであるRaspberry Piです。そして、ネットワークを経由して送られたデータはストレージに蓄積されます。

クラウドストレージ

本書ではクラウドストレージとして、2.3.6項で紹介したAzureを利用します。そして、クラウドに送信されたデータはPower BIというMicrosoft社が提供しているクラウドBIツールを利用して可視化および分析を行います。

また、ストレージ以外にもAzureには、あと2つ役割があります。

1つ目が、デバイスから送られてきたデータを受け取るためのハブの役割です。AzureのIoT Hubというサービスを利用します。

2つ目の役割が、受け取ったデータをストレージに保存する際にCSVデータに変換することです。

データ変換にはAzureのStream Analyticsというサービスを利用します。IoT HubとStream Analyticsの使い方は第5章で詳しく説明します。

第3章

Raspberry Piのセットアップと基本操作

本章では、第2章の章末で紹介したIoTシステムを実際に構築していく前に、Raspberry Piのセットアップ方法や、Raspberry Piの基本的な操作について解説します。

3.1 IoTとシングルボードコンピューター

IoTに利用できるシングルボードコンピューターは第2章でも触れましたが、シングルボードコンピューターを利用することでモノがネットワークと接続できるようになり、様々なデータを気軽に集められるようになりました。

本章で扱うRaspberry Piは、IoTシステムの学習に最適なシングルボードコンピューターの1つです。

第3章ではLEDを光らせるシングルボードコンピューターによる基本的なプログラムを体験していただきます（図3.1）。

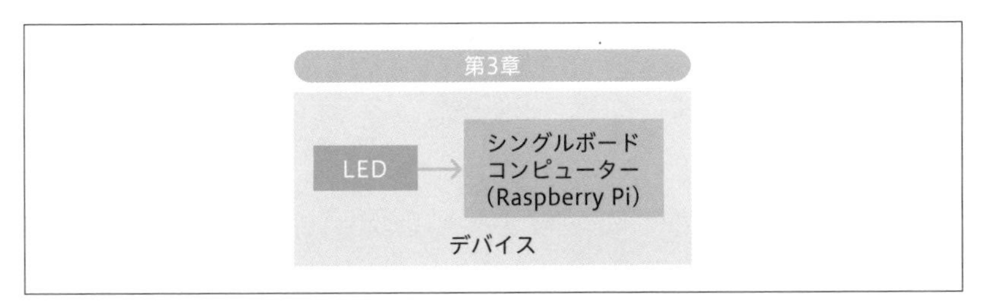

図3.1 第3章で作成するシングルボードコンピューターのシステム概要

第4章から第8章で作成するIoT × シングルボードコンピューターのシステム概要は図3.2のとおりです。

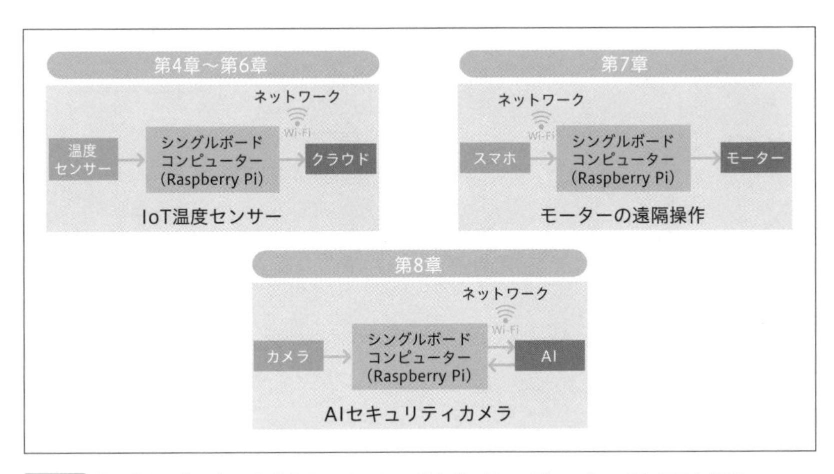

図3.2 第4章から第8章で作成するIoT × シングルボードコンピューター のシステム概要

3.2 本章で用意するデバイス

本章では以下のデバイスが必要になります（図3.3）。事前にネットショップなどで購入してください。

- Raspberry Pi 3 Model B
  URL https://www.switch-science.com/catalog/3850/
- MicroSDカード16GB推奨（SD変換アダプタ付き）
  URL http://akizukidenshi.com/catalog/g/gS-13002/
- マイクロUSBケーブル
  URL https://www.switch-science.com/catalog/1035/
- ジャンピングワイヤ（オス-メス）
  URL https://www.switch-science.com/catalog/2294/
- ジャンピングワイヤ（オス-オス）
  URL https://www.switch-science.com/catalog/620/
- LED
  URL http://akizukidenshi.com/catalog/g/gI-11655/
- 抵抗（330Ω）
  URL http://akizukidenshi.com/catalog/g/gR-25331/
- ブレッドボード
  URL https://www.switch-science.com/catalog/313/

また一般的な以下のデバイスも必要です。

- モニター
- キーボード
- マウス
- HDMIケーブル
- LANケーブル

Raspberry Pi 3 Model B

出典 株式会社スイッチサイエンス：「Raspberry Pi 3 MODEL B」より引用
URL https://www.switch-science.com/catalog/3850/

MicroSDカード16GB推奨（SD変換アダプタ付き）

出典 株式会社秋月電子通商：「TOSHIBA　マイクロSDカード（microSDHC）EXCERIA 16GB 100MB／s」より引用
URL http://akizukidenshi.com/catalog/g/gS-13002/

マイクロUSBコード

出典 株式会社スイッチサイエンス：「USB2.0ケーブル（A-microBタイプ）50cm」より引用
URL https://www.switch-science.com/catalog/1035/

ジャンピングワイヤ（オス-メス）

出典 株式会社スイッチサイエンス：「普通のジャンパワイヤ（オス〜メス））」より引用
URL https://www.switch-science.com/catalog/2294/

ジャンピングワイヤ（オス-オス）

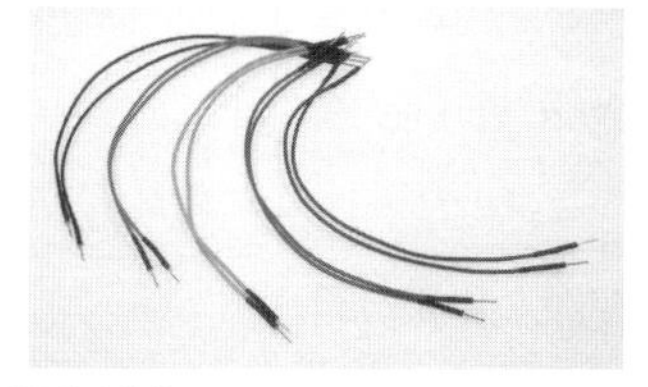

出典 株式会社スイッチサイエンス：「普通のジャンパワイヤ（オス〜オス）」より引用
URL https://www.switch-science.com/catalog/620/

LED

出典 株式会社秋月電子通商：「5mm赤色LED OSDR5113A」より引用
URL http://akizukidenshi.com/catalog/g/gI-11655/

抵抗（330Ω）

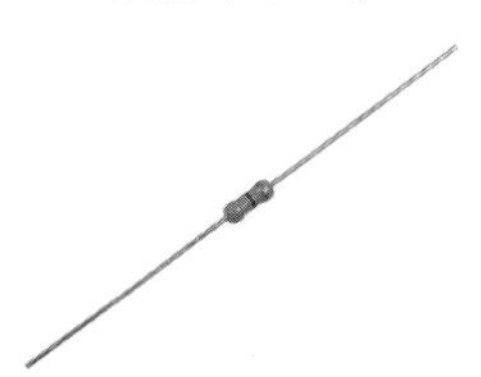

出典 株式会社秋月電子通商：「カーボン抵抗（炭素皮膜抵抗）1／4W 330Ω（100本入）」より引用
URL http://akizukidenshi.com/catalog/g/gR-25331/

ブレッドボード

出典 株式会社スイッチサイエンス：「普通のブレッドボード」より引用
URL https://www.switch-science.com/catalog/313/

図3.3 第3章で必要なデバイス

本書ではブレッドボードに接続する際の説明に、ブレッドボードに記載されている番号を利用しています。そのため 図3.4 と同じ仕様のブレッドボードを利用することを推奨しています。

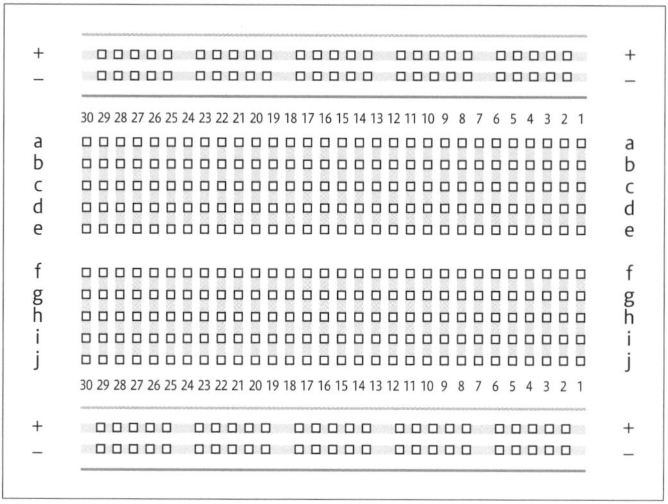

図3.4 本書で利用するブレッドボード

MEMO

モニター

Raspberry Piを操作する際にモニターが必要となります。
モニターをお持ちでない場合、 図3.5 のようなRaspberry Pi用の小さいモニターを購入してください。

出典
株式会社秋月電子通商：
「10．6インチ TFTカラー液晶モニター NTSC HDMI対応」より引用
URL
http://akizukidenshi.com/catalog/g/gM-12672/

図3.5 モニターの例

3.3 Raspberry Pi 3の概要

2.3.3項でRaspberry Piの概要は解説しましたので割愛しますが、Raspberry Piは趣味の電子工作や、電子製品のプロトタイプの制作などに利用される人気のシングルボードコンピューターです。

本書ではRaspberry Pi 3 Model Bを使用します。Raspberry Pi 3 Model Bのスペックは表3.1のとおりです。

表3.1 Raspberry Pi 3 Model Bのスペック

SoC	Broadcom BCM2837 1.2GHz 64-bit quad-core ARMv8 Cortex-A53
メモリ	1GB
USBポート	4
ネットワーク	10/100 Mbps イーサネット
無線LAN	あり
ビデオ出力	HDMI、コンポジットビデオ
音声出力	3.5mmジャック、HDMI
低レベル入出力	27 × GPIO、UART、I2C、SPIと2つのチップセレクト、 +3.3 V、+5 V、GND
電源	+5 V @ 2.5 A、(microUSB)
サイズ	85 × 56 × 17 mm

3.4 Raspberry PiにOSをインストールする

Raspberry PiのOSはいくつかありますが、ここではRaspberry Pi公式のOSである「Raspbian Stretch」をインストールします。

3-4-1 Raspbian Stretchをダウンロードする

本書執筆時点（2020年2月時点）でRaspbian Stretchは公式サイトではダウンロードできないため、過去のバージョンをアップロードしているミラーサイトからダウンロードする必要があります。

ここでは 図3.6 のURLにアクセスして「NOOBS_v3_0_1.zip」をクリックし、ダウンロードします。

Index of /pub/raspberrypi/NOOBS/images/NOOBS-2019-04-09

Name	Last modified	Size	Description
Parent Directory		-	
NOOBS_v3_0_1.zip	2019-04-08 20:02	1.7G	
NOOBS_v3_0_1.zip.sha1	2019-04-10 07:45	59	
NOOBS_v3_0_1.zip.sha256	2019-04-10 07:46	83	
NOOBS_v3_0_1.zip.sig	2019-04-10 08:47	488	
NOOBS_v3_0_1.zip.torrent	2019-04-10 07:46	34K	

Apache/2.4.33 (Unix) OpenSSL/1.0.2q Server at ftp.jaist.ac.jp Port 80

図3.6 NOOBS_v3_0_1.zipのダウンロードサイト

- FTP.JAIST.AC.JP

URL http://ftp.jaist.ac.jp/pub/raspberrypi/NOOBS/images/NOOBS-2019-04-09/

なお、Raspbian Stretchをダウンロードできるミラーサイトは、ほかにもあります。

- mirror.ossplanet.net

URL http://mirror.ossplanet.net/raspbian-downloads/NOOBS/images/NOOBS-2019-04-09/

3-4-2 microSDカードをフォーマットする（Windows）

SDアソシエーションの公式サイトからSDメモリカードフォーマッターをダウンロードします。ここではWindows用をダウンロードします（図3.7 ❶❷）。なおmacOSの場合も同じような操作になるため手順は割愛いたします。

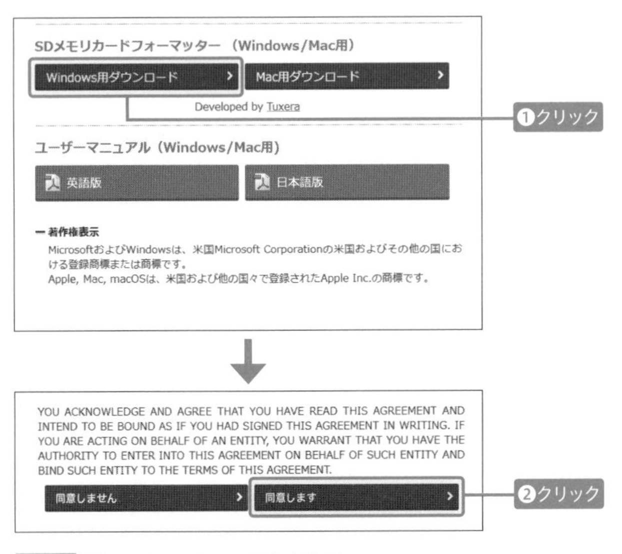

図3.7 SDアソシエーションの公式サイト

URL https://www.sdcard.org/jp/downloads/formatter_4/

ダウンロードしたSDCardFormatterv5_WinJP.zipを解凍して、解凍したフォルダにあるSD Card Formatter 5.0.1 Setup JP.exeをダブルクリックします（図3.8）。

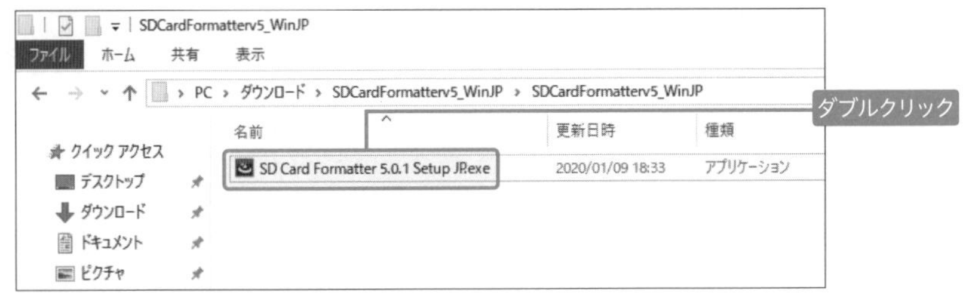

図3.8 SD Card Formatter 5.0.1 Setup JP.exeをダブルクリック

「SD Card Formatter」のインストールウィザードが起動したら、「次へ」をクリックしてウィザードを進めてインストールします（図3.9）。

図3.9 「次へ」をクリック

インストールが完了するとSD Card Formatterが起動します（図3.10）。

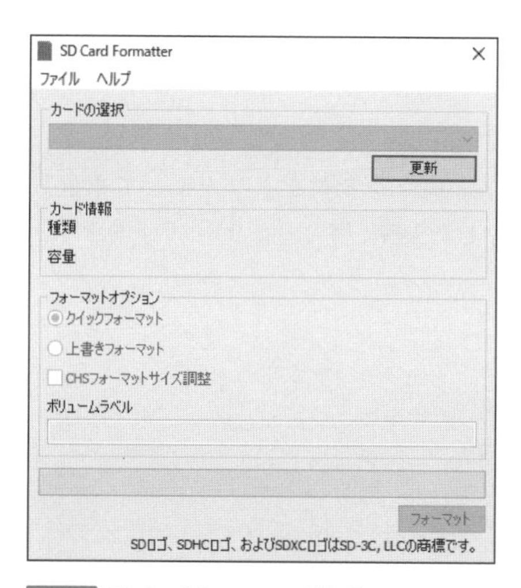

図3.10 SD Card Formatterが起動

microSDをSDにする変換アダプタ（microSDHCカード）を付け、パソコンのSDカードスロットに差し込みます（図3.11）。

図3.11 変換アダプタを付け、パソコンのSDカードスロットに差し込む

microSDHCカードのドライブを確認します（図3.12）。ここではEドライブになります。

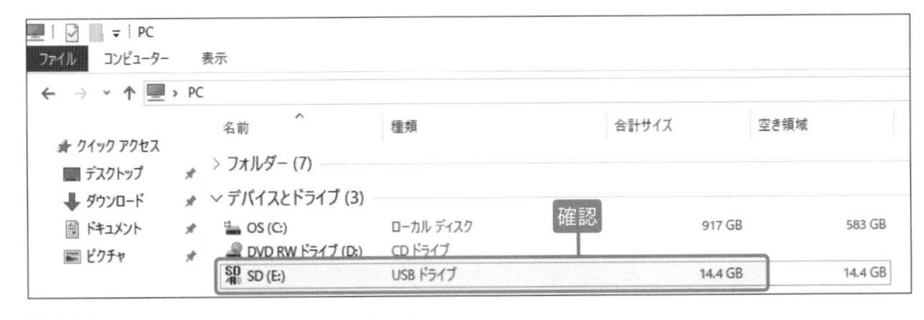

図3.12 microSDHCカードのドライブを確認

SD Card Formatterの「クイックフォーマット」をクリックして選択し（図3.13❶）、「フォーマット」をクリックします❷。警告画面で「はい」をクリックします❸。

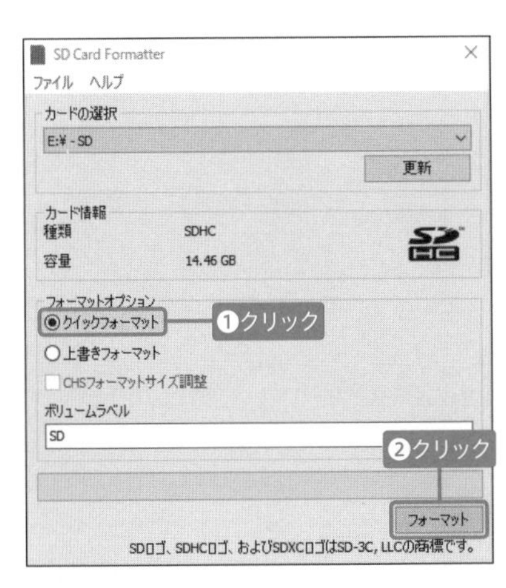

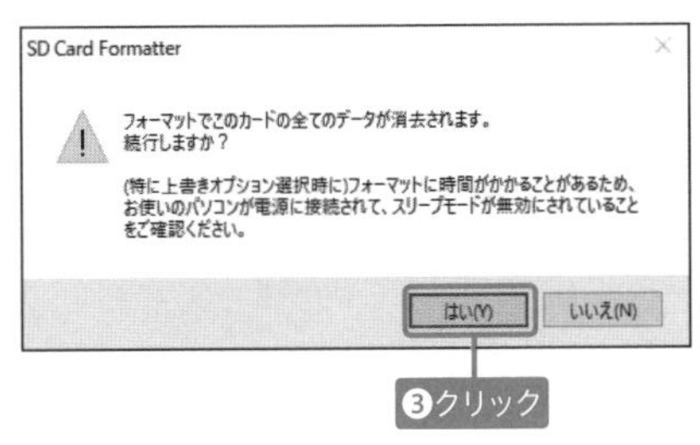

図3.13 「クイックフォーマット」→「フォーマット」→「はい」をクリック

フォーマットが無事完了するとゲージがフルの状態になり（図3.14 ❶）、「フォーマットが正常に終了しました。」と表示されますので、「OK」をクリックします❷。

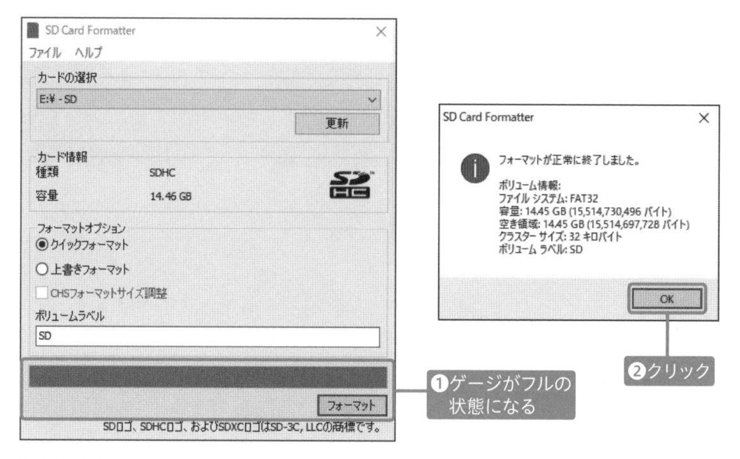

図3.14 「フォーマットが正常に終了しました。」の画面で「OK」をクリック

NOOBS_v3_0_1.zipの解凍とmicroSDカードへのコピー

NOOBS_v3_0_1.zipを解凍して、すべてのファイルをmicroSDカードにドラッグ&ドロップしてコピーします（図3.15）。

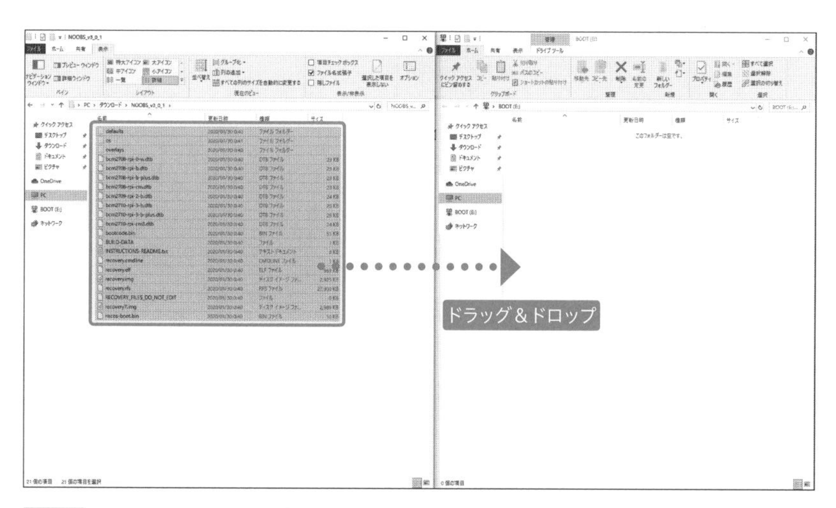

図3.15 NOOBS_v3_0_1.zipを解凍したファイルをmicroSDカードにコピー

Raspberry PiにmicroSDカードを挿入します（図3.16）。

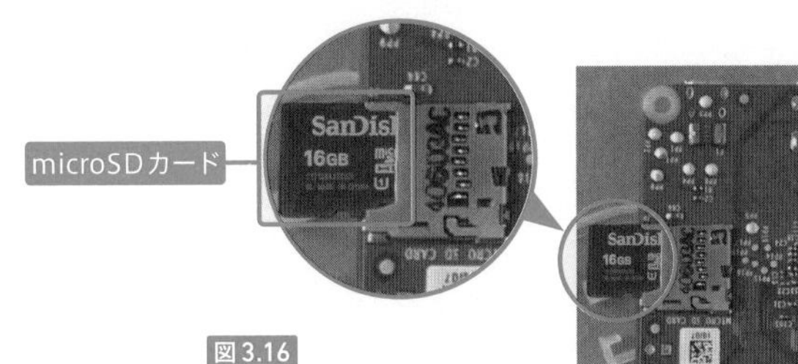

図3.16
Raspberry PiのmicroSDカードスロットにmicroSDカードを挿入

MEMO

microSDカード

microSDカードの種類によっては、前述のように一度フォーマットする必要があります。

Raspberry Piにマウスとキーボードとモニターを接続して、電源を入れます（図3.17）。Raspberry Piには電源の「ON/OFF」ボタンはないので、Micro USBのソケットに電源コードを接続することで電源が入ります。

なおネットワークは、Raspberry Piのセットアップが完了してから、つないでください。

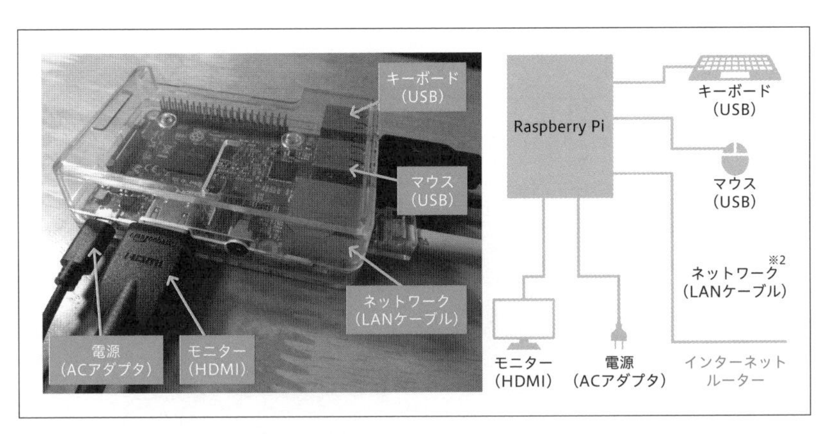

図3.17 Raspberry Piに電源（ACアダプタ）、モニター（HDMI）、キーボード（USB）、マウス（USB）、ネットワーク（LANケーブル）を接続

※1 Raspberry Pi 3 Model Bの場合はmicroSD／microSDHCで32GB以下である必要があります。64GB～のmicroSDXCには対応していません。本書では扱いませんが、Raspberry Pi 4 Model BはmicroSDXCにも対応しています。

※2 ネットワークにつないだまま、インストールを進めると、最新のOSとなり、本書の環境が構築できません。

電源を入れると、自動でインストール画面が起動します。

インストールするOS（Raspbian Full［RECOMMENDED］）（図3.18❶）と言語（日本語）❷を選び、「インストール」をクリックすると❸、確認画面が表示されるので「はい」をクリックします❹。するとインストールがはじまります❺。

20分ほどでOSのインストールは完了します。「OSがインストールされました」ダイアログが表示されたら「OK」をクリックします❻。するとRaspberry Piが再起動します。

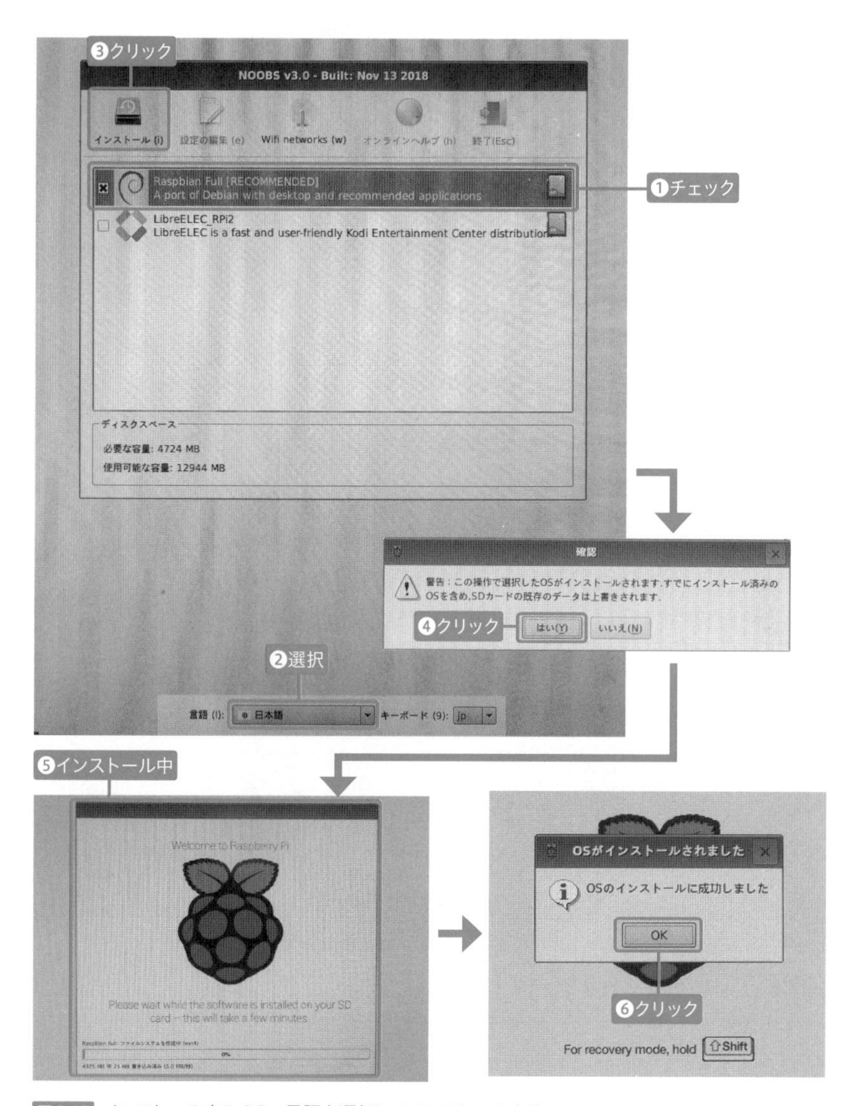

図3.18 インストールするOS、言語を選択してインストールする

3.5 Raspberry Piの初期設定

再起動するとRaspberry Piのロゴが表示されます（図3.19）。この後、初期設定画面が出てきますので各設定項目を設定していきます。

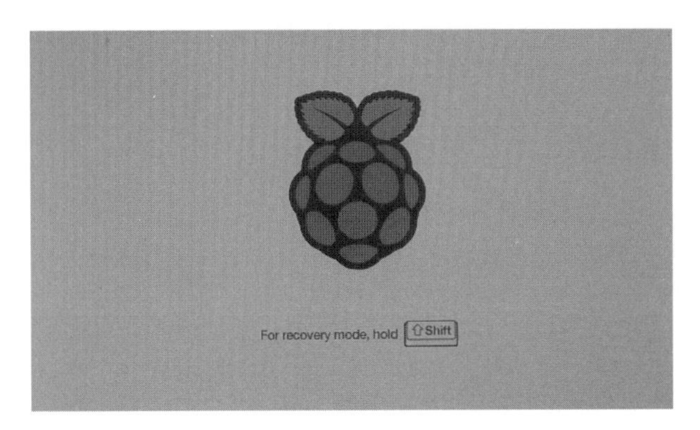

図3.19 起動画面

少しすると、「Welcome to Raspberry Pi 」画面が表示されます。「Next」をクリックします（図3.20）。

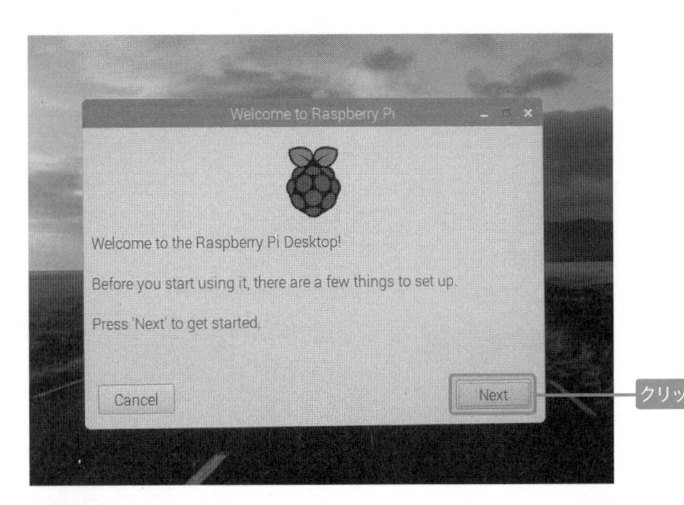

図3.20「Welcome to Raspberry Pi」画面

「Set Country」画面（図3.21）で「Country」が「Japan」、「Language」が「Japanese」、「Timezone」が「Tokyo」になっていることを確認して❶、「Next」をクリックします❷。

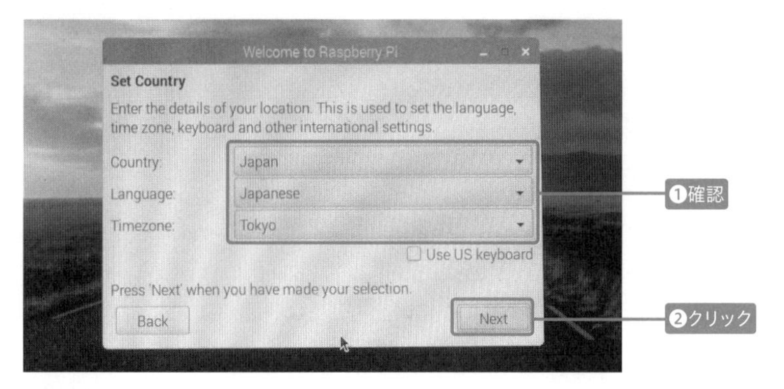

図3.21 「Set Country」画面

「Change Password」画面（図3.22）で、デフォルトのユーザーである「pi」に設定したいパスワードを「Enter new password」に記入し❶、同じパスワードを「Confirm new password」に記入して❷、「Next」をクリックします❸。

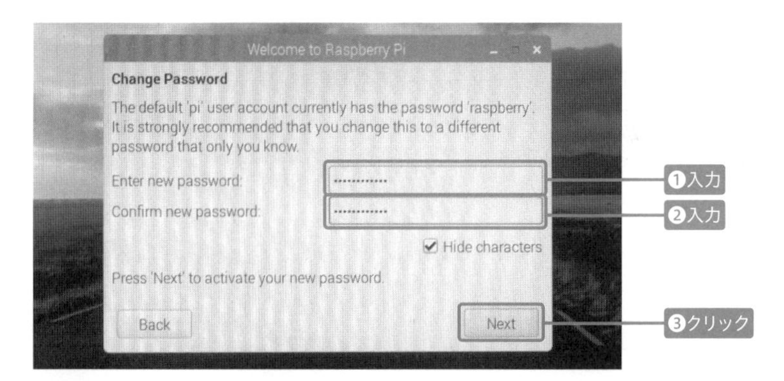

図3.22 「Change Password」画面

「Set Up Screen」画面（図3.23）では、オーバースキャン表示のモニターを使っていて画面の周囲に黒フチを入れたい時には「This screen shows a black border around the desktop」にチェックを入れます。そのままでよい場合は、「Next」をクリックします。

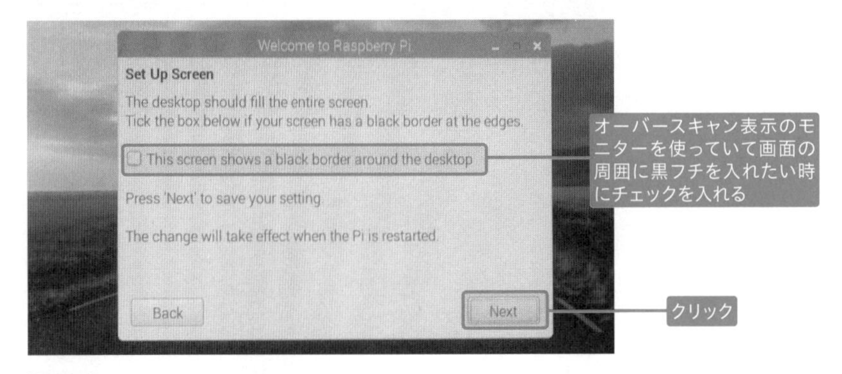

図3.23「Set Up Screen」画面

「Select WiFi Network」画面（図3.24）で、利用できるWi-Fiネットワークを選択して❶、「Next」をクリックします❷。もし、ない場合は「Skip」をクリックします。

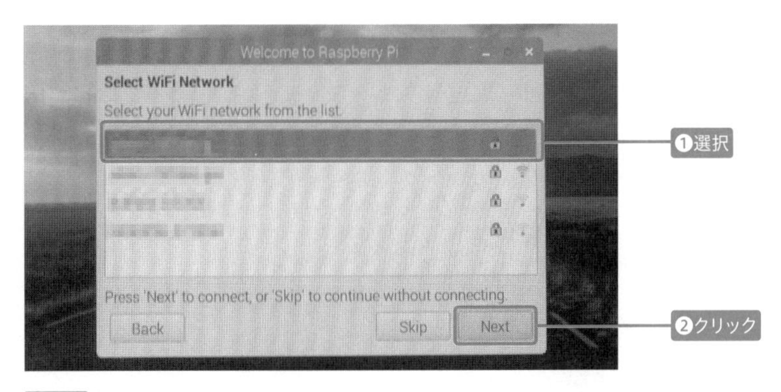

図3.24「Select WiFi Network」画面

「Enter WiFi Password」画面（図3.25）で、Wi-Fiのパスワード（正確には暗号化キー）を入力して❶、「Next」をクリックします❷。

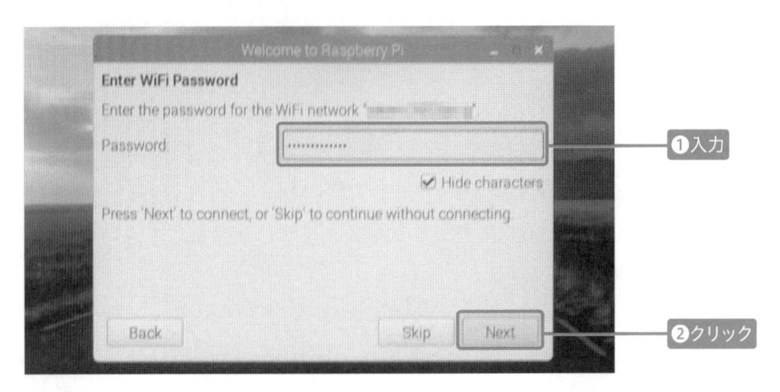

図3.25「Enter WiFi Password」画面

「Update Software」画面（図3.26）では、ソフトウェアのアップデートのお知らせが表示されます。本書では、インストールした時点の環境で固定しているので、「Skip」をクリックしてください。

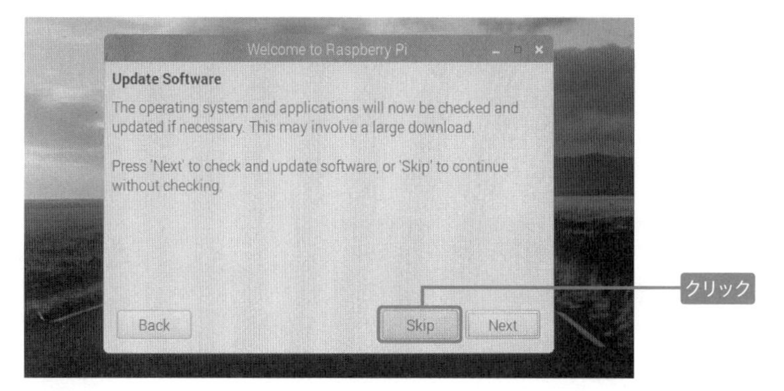

図3.26 「Update Software」画面

ATTENTION

Update Softwareについて

Raspbian Stretch（NOOBS_v3_0_1）のインスール時の「Update Software」は必ず「Skip」をクリックしてください。
ここで「Next」をクリックすると、最新のPythonのバージョンにアップデートされてしまい、本書のサンプルが動かなくなります。

「Setup Complete」画面（図3.27）が表示されればセットアップ完了です。「Done」をクリックして、その後Raspberry Piを再起動してください。

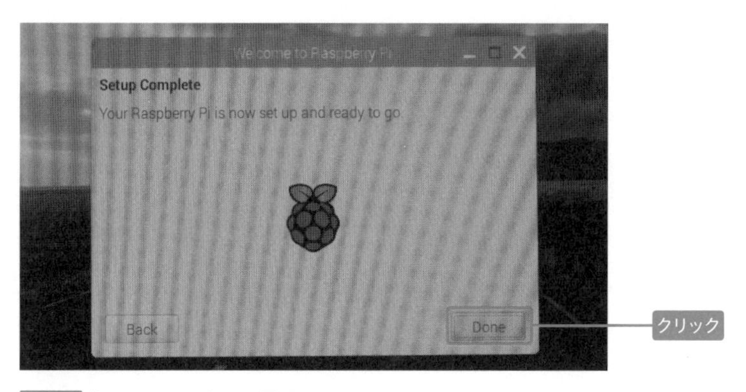

図3.27 「Setup Complete」画面

MEMO

Raspberry Piの初期設定

Raspberry Piの初期設定は後からでも行えるためスキップしてもかまいません。後から初期設定を行う場合は、左上にあるRaspbianのアイコンをクリックし「設定」の中の「Raspberry Piの設定」を選択します（画面は割愛）。
また、初期設定でWi-Fiの接続をスキップした場合は、図3.28の右上にあるWi-Fiのアイコンをクリックして、接続したいWi-Fiを選択しパスワードを入力します。

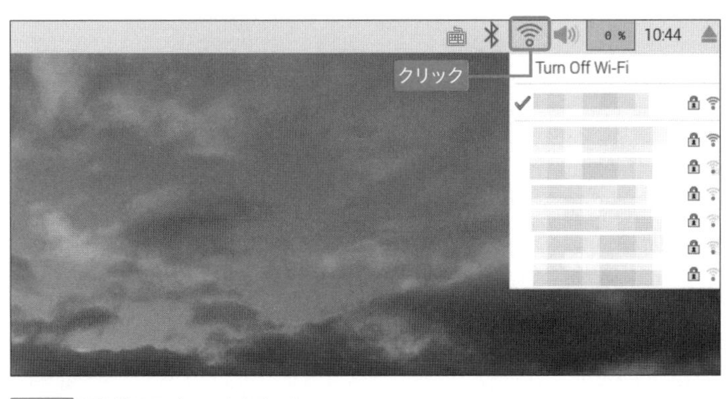

図3.28 Wi-Fiのアイコンをクリック

3.6 Raspberry Piにリモートアクセスする

パソコンからRaspberry Piを操作できるよう「SSH」と「VNC」を使いRaspberry Piにリモートアクセスします※3。

SSHとVNC接続は必ず必要な設定ではありません。そのため、パソコンからリモート操作が不要な方は3.7節「Raspberry Piを使ってLEDを点灯させる」まで読み飛ばしていただいてかまいません。

※3 前提条件としてRaspberry Piと接続に使うPCと同じLAN内でDHCPサーバーが稼働している（同一のルーターに接続している）ことが必要です。

3-6-1 SSH接続とは

SSHとは「Secure Shell」の略で、ネットワークに接続された機器を遠隔操作するための通信手段（プロトコル）の1つです。名前に「Secure（セキュア）」と付いていることからわかるとおり、安全に通信を行い、OS上のコマンド（シェル）を操作することができます。

3-6-2 VNC接続とは

VNCとは「Virtual Network Computing」の略でネットワーク上の離れたコンピューターを遠隔操作するためのリモートデスクトップソフトです。VNCがインストールされているマシン同士では、OSの種類に関わりなく通信できます。

ちなみに、ここで利用しているOS「Raspbian」には、標準で「Real VNC」というVNCソフトがインストールされています。

デスクトップ左上のRaspberry Piのアイコンをクリックし（図3.29❶）、メニューから「設定」❷→「Raspberry Piの設定」を選択します❸。

図3.29 「設定」→「Raspberry Piの設定」を選択

次に「インターフェイス」タブをクリックし（図3.30❶）SSHとVNCを有効にします❷～❹。

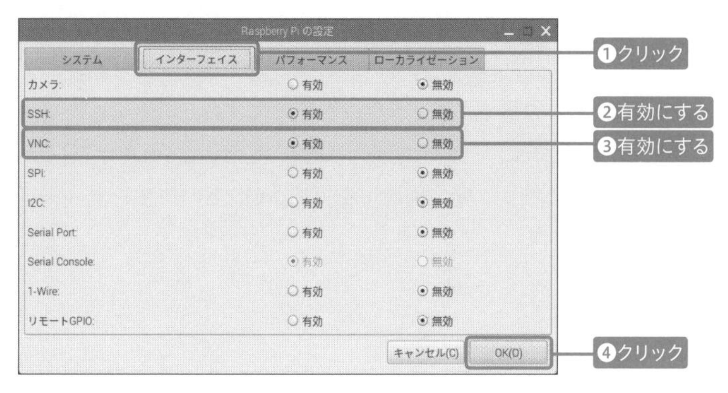

図3.30「インターフェイス」タブ

3-6-3 SSH接続とVNC接続を有効にする

SSH接続やVNC接続をする際に、Raspberry PiのIPアドレスを指定する必要があります。デスクトップ左上のRaspberry Piのアイコンをクリックし(図3.31❶)、メニューから「アクセサリ」❷→「LXTerminal」を選択します❸。

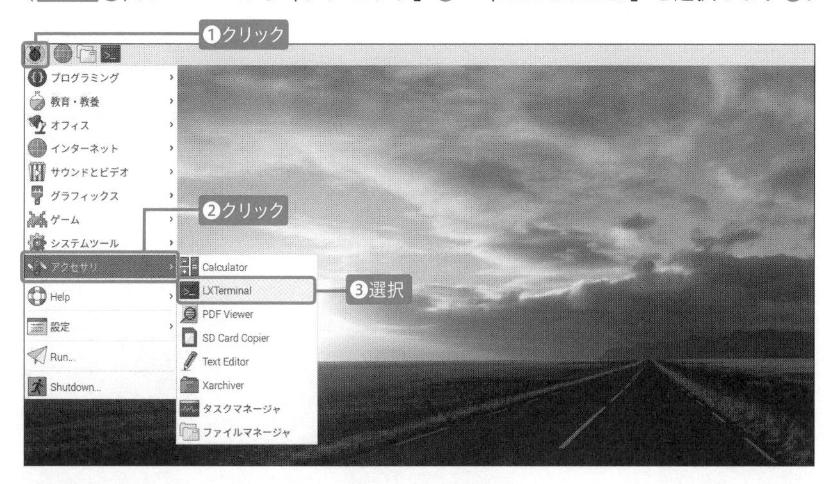

図3.31 メニューから「アクセサリ」→「LXTerminal」を選択

ターミナルが起動したら、以下のコマンドを入力して［Enter］キーを押します（図3.32）。

● ターミナル

```
$ ip a
```

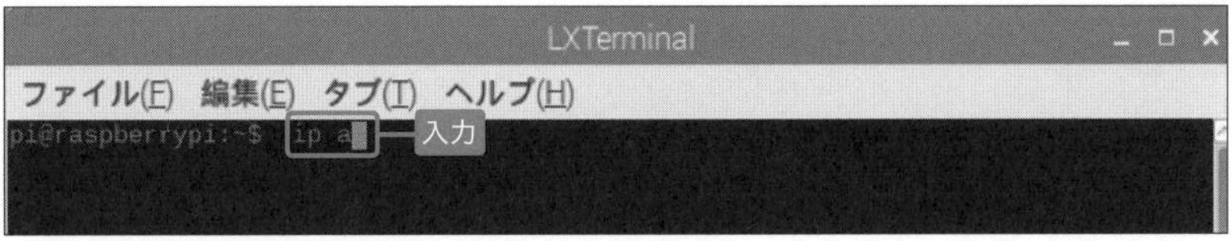

```
LXTerminal
ファイル(F) 編集(E) タブ(T) ヘルプ(H)
pi@raspberrypi:~$ ip a
```
入力

図3.32 ターミナルでコマンドを入力

すると IP アドレスが表示されます（図3.33）。

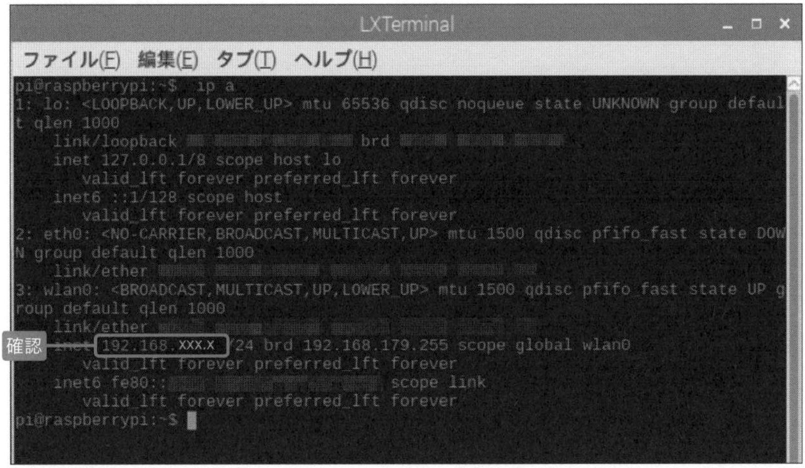

```
LXTerminal
ファイル(F) 編集(E) タブ(T) ヘルプ(H)
pi@raspberrypi:~$ ip a
1: lo: <LOOPBACK,UP,LOWER_UP> mtu 65536 qdisc noqueue state UNKNOWN group defaul
t qlen 1000
    link/loopback                          brd
    inet 127.0.0.1/8 scope host lo
       valid_lft forever preferred_lft forever
    inet6 ::1/128 scope host
       valid_lft forever preferred_lft forever
2: eth0: <NO-CARRIER,BROADCAST,MULTICAST,UP> mtu 1500 qdisc pfifo_fast state DOW
N group default qlen 1000
    link/ether
3: wlan0: <BROADCAST,MULTICAST,UP,LOWER_UP> mtu 1500 qdisc pfifo_fast state UP g
roup default qlen 1000
    link/ether
    inet 192.168.xxx.x/24 brd 192.168.179.255 scope global wlan0
       valid_lft forever preferred_lft forever
    inet6 fe80::                          scope link
       valid_lft forever preferred_lft forever
pi@raspberrypi:~$
```
確認

図3.33 IPアドレスを確認（192.168.xxx.xの部分。xは伏字）

MEMO

IPアドレスのメモをする範囲

192.168.xxx.xまでをメモしてください。 / 以降は不要です。

MEMO

有線LANと無線LANの場合のIPアドレスの表示

IPアドレスは有線LANを使っている場合は「eht0」、無線LANを使っている場合は「wlan0」と表示されます。

3-6-4 SSH接続する（Windowsの場合）

WindowsでSSHを接続する場合には、SSHクライアントを使うと簡単に接続できます。ここではTera Termを利用します。

図3.34のサイトにアクセスしインストーラーをダウンロードします❶～❹。

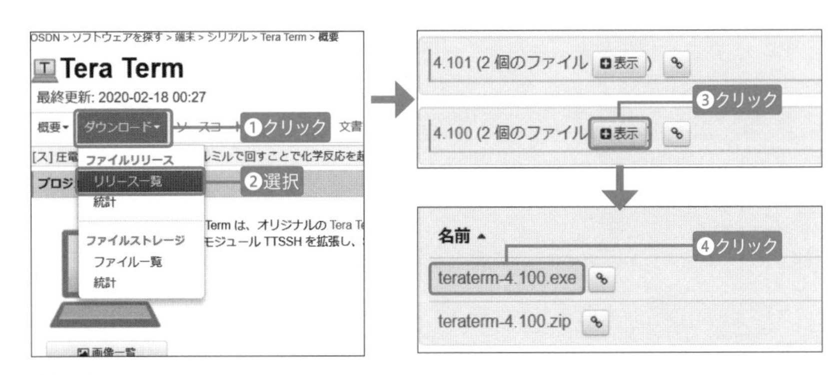

図3.34 Tera Term 4.100 Windowsのダウンロード

URL https://ja.osdn.net/projects/ttssh2/

ダウンロードしたインストーラー（teraterm-4.100.exe）をダブルクリックして起動し、「Tera Term 4.100 セットアップ」ウィザード（図3.35）の手順に従ってインストールします❶～❹。

基本的には「次へ」をクリックしていくとインストールが完了します。

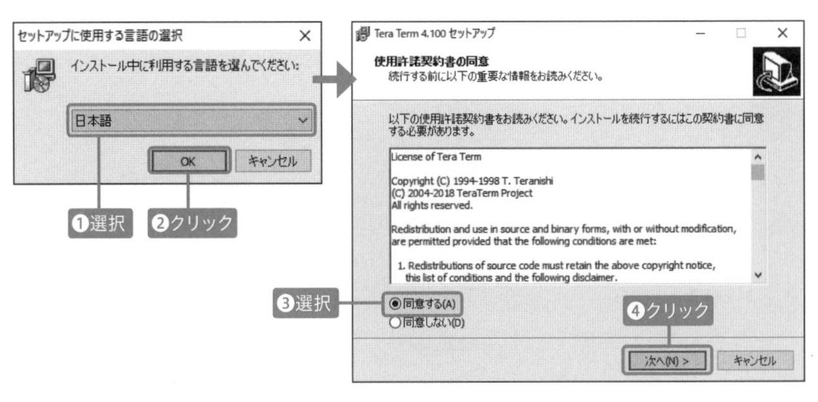

図3.35 「Tera Term 4.100 セットアップ」ウィザードの起動と実行

無事インストールが終了したら、デスクトップのTera Termのアイコン（図3.36）をダブルクリックして起動します。

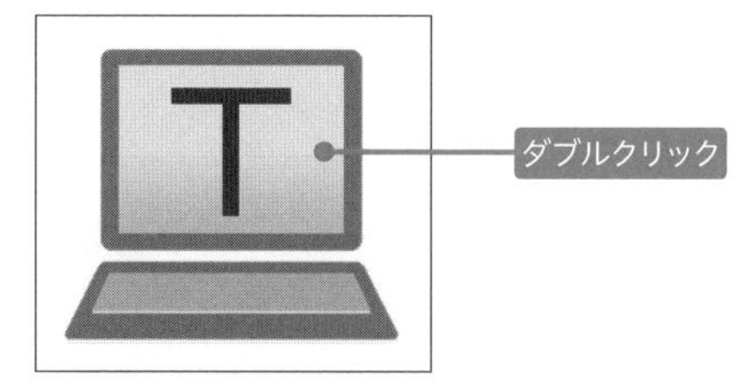

図3.36 Tera Termのアイコンをダブルクリック

「Tera Term：新しい接続」画面が起動します（図3.37）。「ホスト」に先ほど調べたRaspberry PiのIPアドレスを入力して❶、「OK」をクリックします❷。

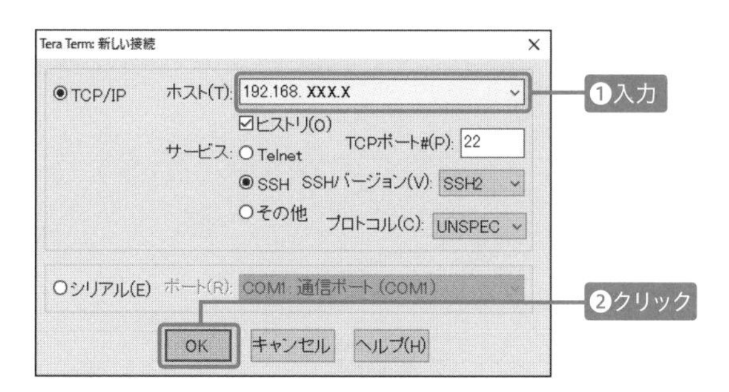

図3.37 「Tera Term：新しい接続」画面

「セキュリティ警告」画面が表示されるので、「続行」をクリックします（図3.38）。

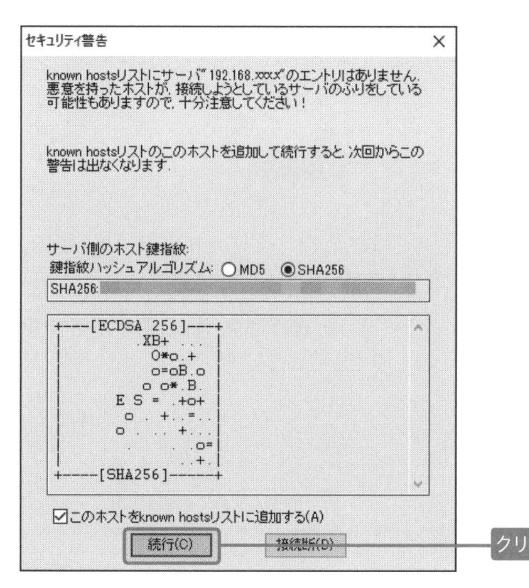

図3.38 「セキュリティ警告」画面

「SSH認証」画面で（図3.39）、ユーザー名❶とパスフレーズを入力して❷、「OK」をクリックします❸。

- ユーザー名：pi（初期設定からユーザー名を変更している場合は、変更後のユーザー名）
- パスフレーズ：raspberry（初期設定からパスワードを変更している場合は、変更後のパスワード）

ATTENTION

ユーザー名とパスワード

ユーザー名とパスワードの初期設定は、ユーザー名は「pi」、パスワードは「raspberry」となっています。適時変更してください。

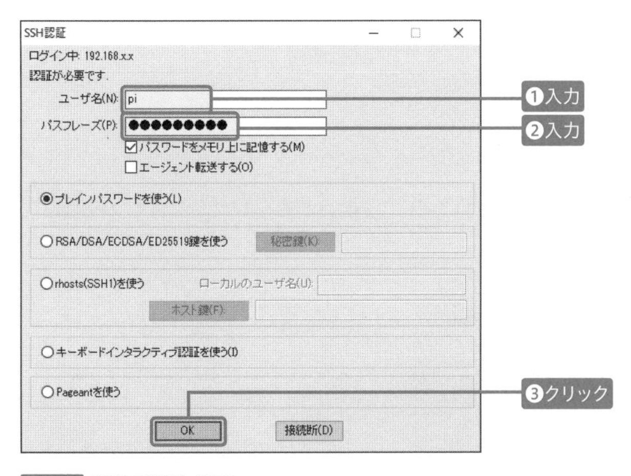

図3.39 「SSH認証」画面

Tera Termの画面に`pi@raspberrypi:~$` と表示されれば接続完了です（図3.40）。

図3.40 Tera Termの画面

SSH接続することでパソコンのコマンドプロンプトを使ってRaspberry Piにコマンドを入力できるようになります。

先ほど入力したIPアドレスを調べるコマンドを入力してみましょう。

● ターミナル

```
$ ip a
```

先ほどと同じようにIPアドレスが表示されれば成功です。

MEMO

パスワードの変更を促す警告と変更方法

パスワードが初期設定の「raspberry」のままSSHを有効にしていた場合、Raspberry Piを起動するたびに警告が表示されます。変更するにはデスクトップ左上のRaspberry Piのアイコンをクリックして、表示されるメニューから「設定」→「Raspberry Piの設定」を選択してパスワードを変更しておきましょう。

3-6-5 SSH接続する（macOSの場合）

macOSでSSH接続する場合はターミナルを利用します。

まず「アプリケーション」→「その他」（Lounchpadから起動する時はクリック）からターミナルを起動します（図3.41）。

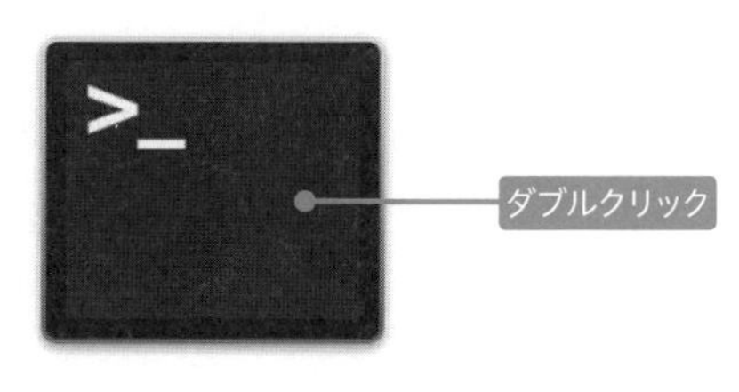

図3.41 ターミナルのアイコンをダブルクリック

ターミナルが起動したら、以下のコマンドを入力し、[Enter] キーを押して確定します。先ほど調べたIPアドレスを入力します。警告メッセージの後、「yes」と入力します。

● ターミナル

```
$ ssh pi@192.168.***.***
The authenticity of host '192.168.*.*** (192.168.*.***)' ➡
can't be established.
ECDSA key fingerprint is SHA256:■■■■■■■■■■■■■■■■■■■■■■■■■■■■■ ➡
■■■■■■■■■■■■.
Are you sure you want to continue connecting (yes/no)?
```

「yes」と入力

● ターミナル

```
Warning: Permanently added '192.168.*.***' (ECDSA) to the ➡
list of known hosts.
pi@192.168.***.***'s password:
```

パスワードを入力

次にパスワードを入力します。パスワードの初期設定は「raspberry」です。初期設定からパスワードを変更している場合は、変更後のパスワードを入力してください。

pi@raspberrypi:~$ と表示されれば接続完了です。

SSH接続することでパソコンのターミナルからRaspberry Piにコマンドを入力できるようになります。先ほど入力したIPアドレスを調べるコマンドを入力してみましょう。

● ターミナル

```
$ ip a
```

先ほどと同じようにIPアドレスが表示されれば成功です。

3-6-6 VNCを使ってリモートアクセスする

続いてVNCを使ってRaspberry Piのデスクトップにリモートアクセスします。

ここではVNCソフトとして「Real VNC」を利用します。Real VNCはアクセスされるサーバー側のRaspbianにデフォルトで搭載されています。

まずは、VNC Viewerをアクセスするクライアント側のパソコンにインストールします。以下のReal VNCのサイトにアクセスします。

- Real VNCのサイト
  URL https://www.realvnc.com/en/connect/download/viewer/

利用しているパソコンのOSが選択されているのを確認して（図3.42 ❶）「Download VNC Viewer」をクリックします❷。

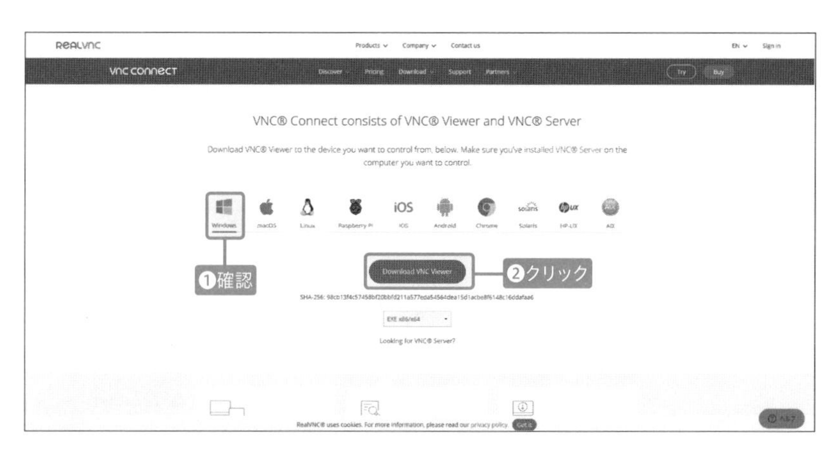

図3.42 「Download VNC Viewer」をクリック

ダウンロードしたインストーラー（VNC-Viewer-6.19.1115-Windows.exe）をダブルクリックして、「VNC Viewer 6.19.1115 Setup」ウィザードを起動し、手順に従ってインストールします（図3.43 ❶～❾）。

基本的には「Next」をクリックしていくとインストールが完了します※4。

※4 途中に「アカウント制御画面」画面が表示されますので、「はい」をクリックしてください。

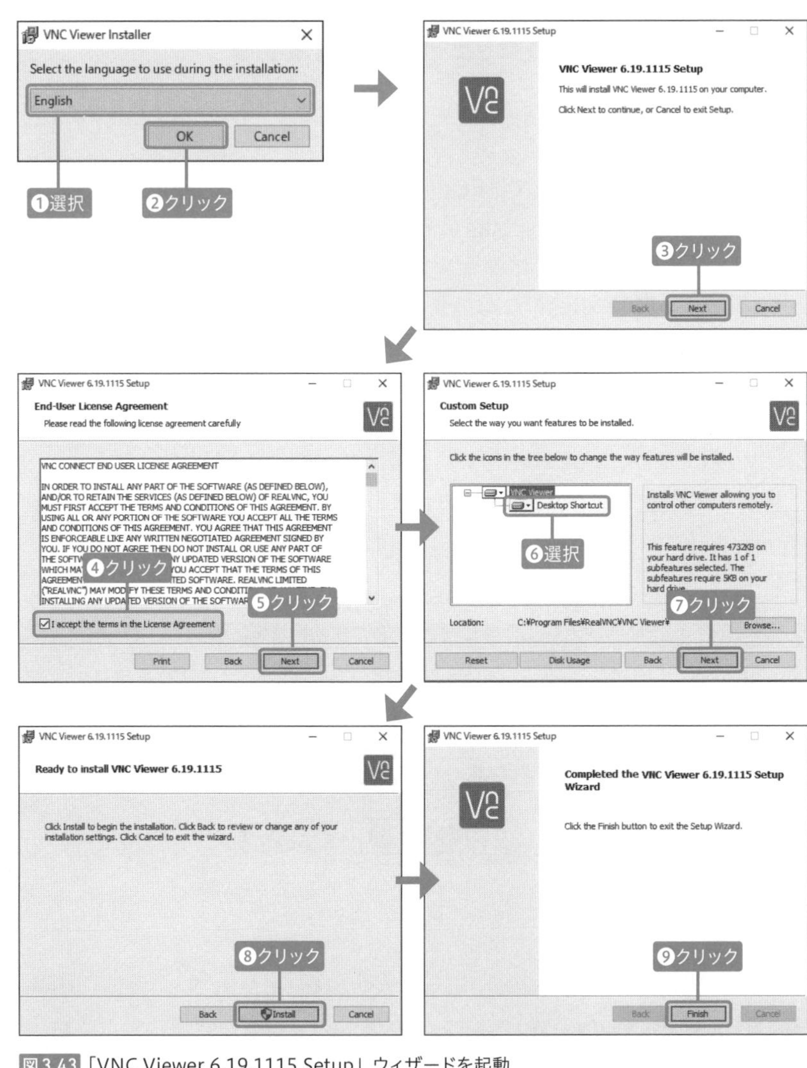

図3.43 「VNC Viewer 6.19.1115 Setup」ウィザードを起動

デスクトップのVNC Viewerのアイコン※5をダブルクリックして起動します(図3.44)。

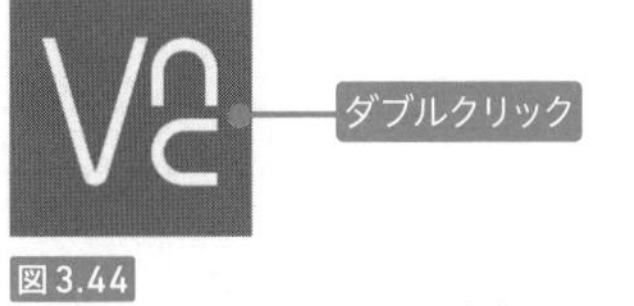

図3.44 VNC Viewerのアイコンをダブルクリック

※5 デスクトップショートカットが表示されない場合は、Windowsのメニューから「RealVNC」→「VNC Viewer」を選択してください。

初回は「Get started with VNC Viewer」画面が表示されます（画面は割愛）。「GOT IT」をクリックすると「VNC Viewer」画面が起動します。先ほど調べたRaspberry PiのIPアドレスを入力して※6（図3.45）、[Enter] キーを押します。

図3.45「VNC Viewer」画面にIPアドレスを入力

「Identity Check」画面（警告画面）が表示されるので「Continue」をクリックします（図3.46）。

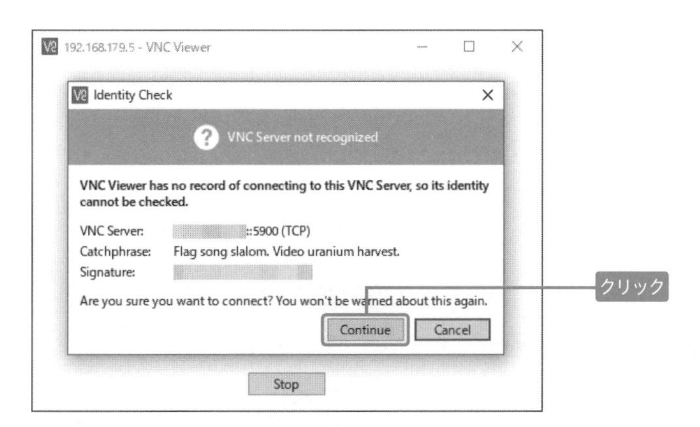

図3.46「Identity Check」画面で「Continue」をクリック

※6 もしタイプアウトで接続できない場合、ファイアウォールの設定を変更してください。具体的には、Windowsの設定から「ファイアウォールとネットワーク保護」でアクティブな接続のファイアウォールを一時的にオフにします。もしくは事前に、Windows Defenderファイアウォールで VNCの通信を許可する設定をしてください。

「Authentication」画面が表示されます（図3.47）。ユーザー名とパスワードを入力して❶❷、「OK」をクリックします❸。

- Username：pi（初期設定からユーザー名を変更している場合は、変更後のユーザー名）
- Password：raspberry（初期設定からパスワードを変更している場合は、変更後のパスワード）

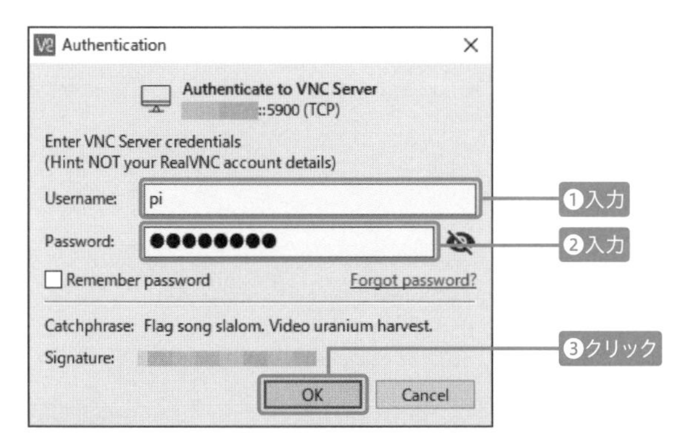

図3.47「Authentication」画面でユーザー名とパスワードを入力

接続が完了するとディスプレイ上にRaspberry Piのデスクトップ画面が表示されます（図3.48）。

図3.48 Raspberry Piのデスクトップ画面

3.7 Raspberry Piを使って LEDを点灯させる

Raspberry PiのGPIOポートからブレッドボードを経由してLEDを点灯させるのに必要な電力を送ります。

3-7-1 配線図の完成イメージ

ここで作成する配線図のイメージは図3.49のとおりです。左が回路図、右が実際に接続した画像です。

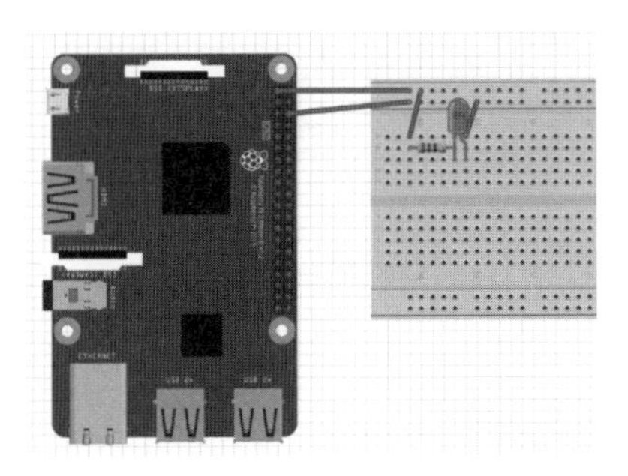

図3.49 配線図の完成イメージ（LEDを点灯）

3-7-2 GPIOポートとは

Raspberry Pi Model Bには全部で40個のピンがあり、それぞれに役割があります。

例えば、図3.50のGPIOポート配置図の中にある「3.3V PWR」や「5V PWR」は3.3Vもしくは5Vの電力を供給するピンになり、「GND」は基準電位（0V）になります。

また、GPIOはHigh/Lowを切り替えることで様々なデバイスを制御することができる、汎用的な入出力端子となります。

Raspberry PiにはGPIO以外にも「I2C」や「SPI」といった、デバイスと通信に利用するピンがあります。

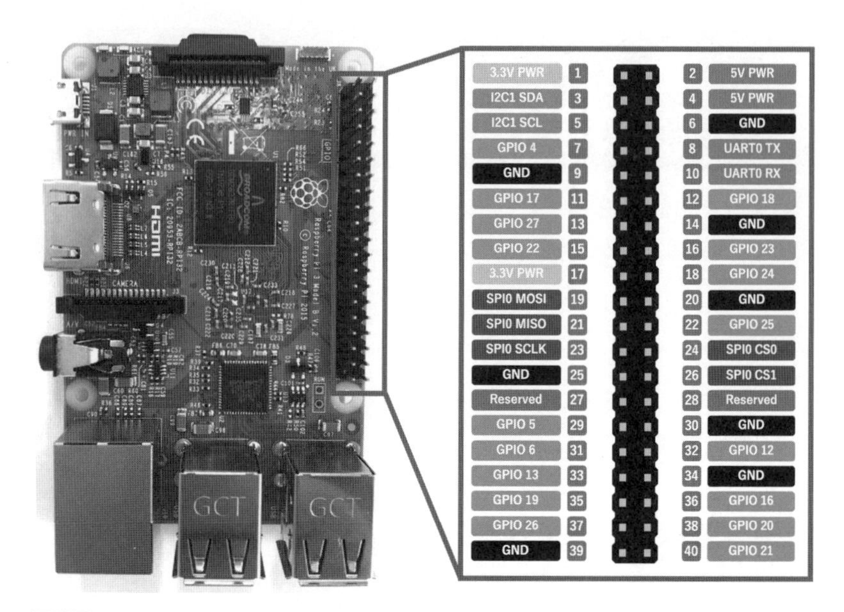

図3.50 GPIOポート配置図

3-7-3 ブレッドボードとは

ブレッドボードは電子回路の実験、試作、評価などに用いられるボードで、センサーデバイスやアクチュエーターなどを接続することで電子回路を作成することができます。また、取り外しも簡単にできるため、様々な電子回路を試すことができます。

ブレッドボードの内部接続は図3.51の画像のように、横に接続されているものと縦に接続されているものがあります。

例えば、図3.51でいうと、a-30とe-30はつながっていますが、a-30とe-16はつながっていません。

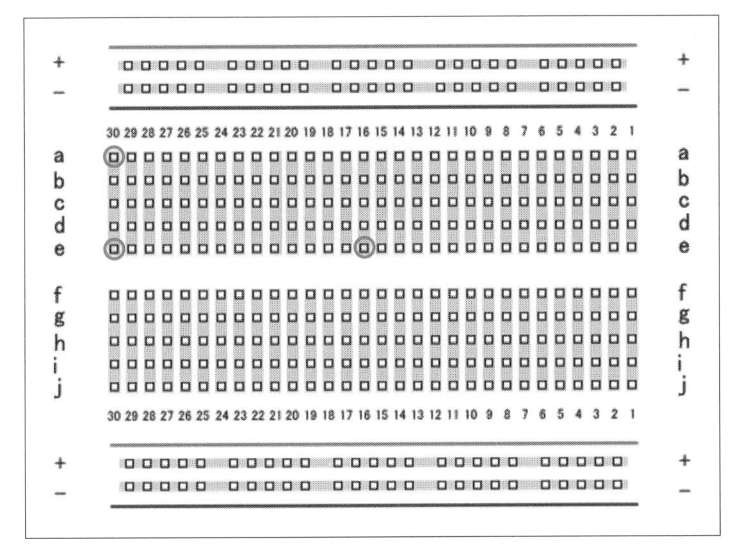

図3.51 ブレッドボードの内部接続

3-7-4 配線する

GPIOポートの3.3V（1）にジャンプワイヤを挿し、ブレッドボードの「+」に挿します。するとGPIOポートの3.3V（1）から電力が供給されます（図3.52）。

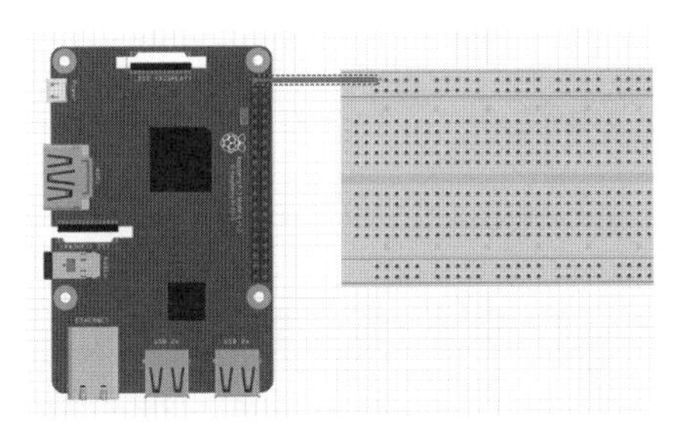

図3.52 GPIOポートとブレッドボードの接続①

先ほど挿したブレッドボードの「+」の横にジャンプワイヤを挿し、次にa-28に挿します（図3.53）。

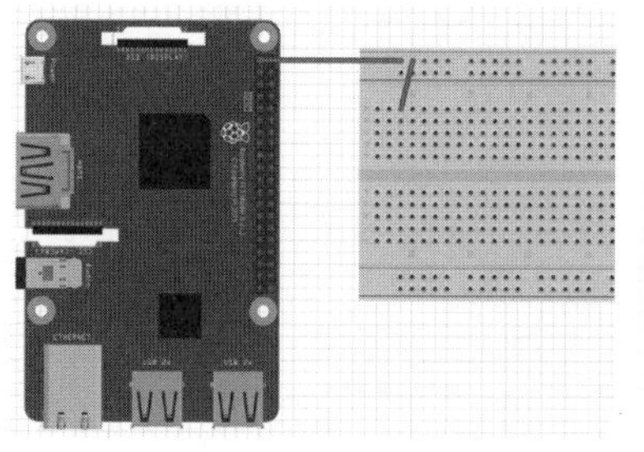

図3.53 GPIOポートとブレッドボードの接続②

b-28とb-24に330Ωの抵抗を挿します（図3.54）。

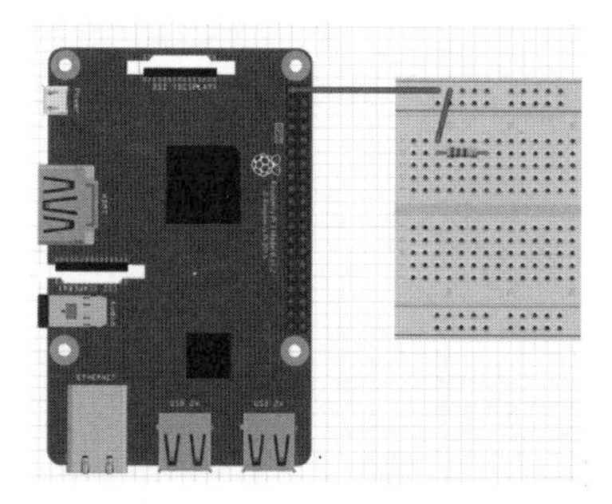

図3.54 GPIOポートとブレッドボードの接続③（左・右上）と抵抗のカラーコード（右下）

c-24とc-23にLEDを挿します。LEDにはプラス（アノード）とマイナス（カソード）があるため挿す向きに注意が必要です（図3.55）。

LEDの中をのぞいた時にゴルフクラブの形状のようになっている方がマイナスです。アノードをc-24、カソードをc-23に接続します（図3.56）。

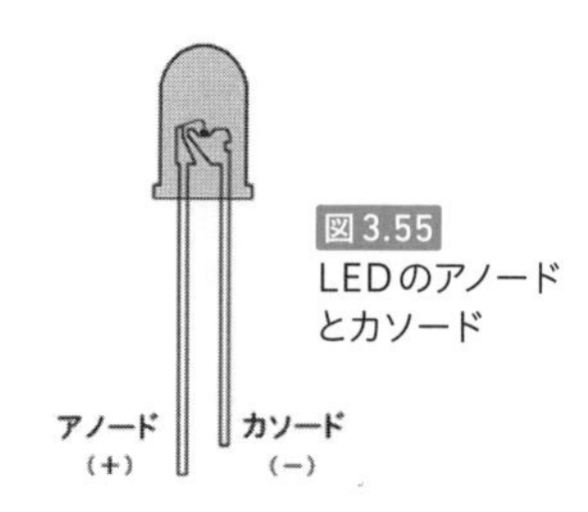

図3.55 LEDのアノードとカソード

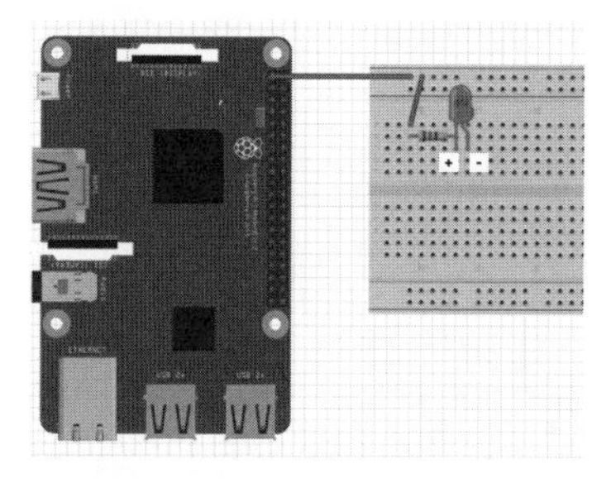

図3.56 GPIOポートとブレッドボードの接続④

a-23にジャンプワイヤを挿し、ブレッドボードの「-」に挿します（図3.57）。

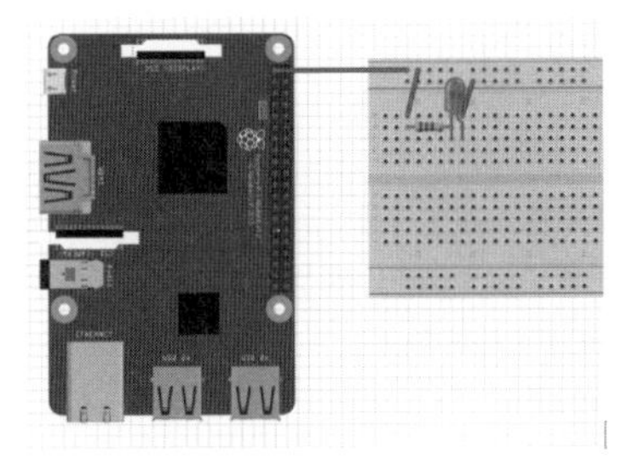

図3.57 GPIOポートとブレッドボードの接続⑤

最初に挿したブレッドボードの「-」にジャンプワイヤを挿し、GND（6）に挿すと、LEDが光ります（図3.58）。

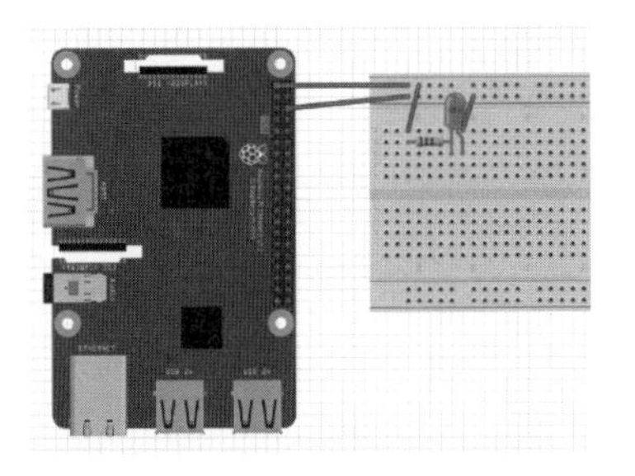

図3.58 GPIOポートとブレッドボードの接続⑥

MEMO

GND

GNDは電源のマイナス極で電気回路での基準電位（0V）となります。

MEMO

ブレッドボードの「+」と「-」

ここではブレッドボードの「+」と「-」を利用しましたが、必ずしも使用する必要はありません。ただ、回路が複雑になった場合に「+」「-」を利用することで、回路がわかりやすくなります。

MEMO

抵抗について

抵抗は「流れる電流の量を適切な値にしたい場合」、「電気的に接続したいが電流は流したくない場合」などに利用します。
ここで抵抗を利用している理由は、LEDは10〜20mA程度（LEDによって仕様が違うため仕様書を要確認）の電流を使用することが想定されており、電圧は2.1V程度（こちらもLEDによって仕様が違うため仕様書を要確認）です。これより大きい電圧がかかるとLEDが破壊されてしまうため、抵抗を利用してLEDに流れる電流を適切な大きさに調整しています。
電流と電圧、抵抗の関係は以下の「オームの法則」で表すことができます。

$$V = RI \ \ (I = \frac{V}{R})$$

V：電圧（V）、I：電流（A）、R：抵抗（Ω）

例えば、LEDの電圧が1.9Vだった場合、抵抗の電圧は1.4Vとなります（3.3V-1.9V=1.4V）。
すると、LEDに流れる電流を10mAにするためには、140Ωの抵抗が必要になります（1.4V/0.01A=140Ω）。

3-7-5 LEDを点滅させる（Lチカ）

LEDを点滅させるためにGPIOピンをプログラムで制御します。
Raspberry Piの1番ピンを40番ピンに差し替えます（図3.59）。

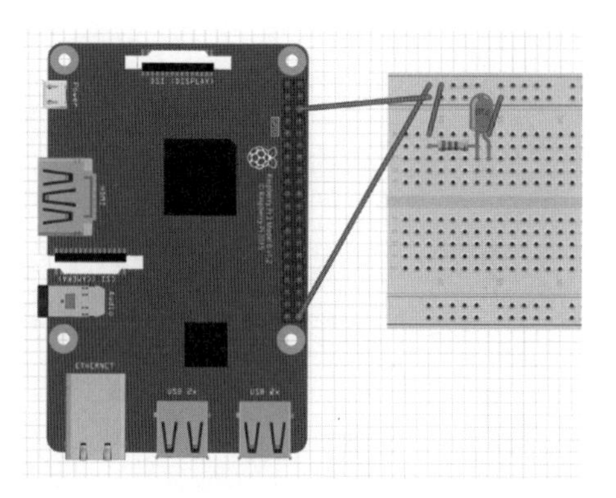

図3.59 ジャンプワイヤの差し替え

Lチカのプログラムに Python を利用する

図3.59の状態ではまだ、電気が流れていないためLEDは点灯しません。

GPIO21を「Low」から「High」に切り替えて電気を流します。Raspberry Piの「High」「Low」はそれぞれ3.3V、0Vです。

GPIO21を「High」に切り替えるプログラムをプログラミング言語「Python」を用いて作成します。

Pythonとは

Pythonは、オープンソースで開発されているフリーのプログラミング言語の1つで、プログラミング言語の中では「スクリプト言語」に分類されています。

Pythonは可読性の高いプログラミング言語で覚えやすいことが特徴です。

Pythonは多くの企業で使われており、アプリやソフトウェアの開発、データサイエンス、IoTの分野、さらには近年注目されているディープラーニングといったAIを支える技術分野でも積極的に活用されています。また、Raspberry Piの「Pi（パイ）」はPythonの「パイ」から取られています。Pythonの基本的なプログラミングについては、付録3「Pythonの基礎」を参考にしてください。

PythonでLチカのプログラムを作成する

デスクトップ左上のRaspberry Piのアイコンをクリックし（図3.60❶）、メニューから「プログラミング」❷→「Thonny Python IDE」を選択します❸。Thonnyが起動します❹。「<untitled>」タブに入力していきます❺。

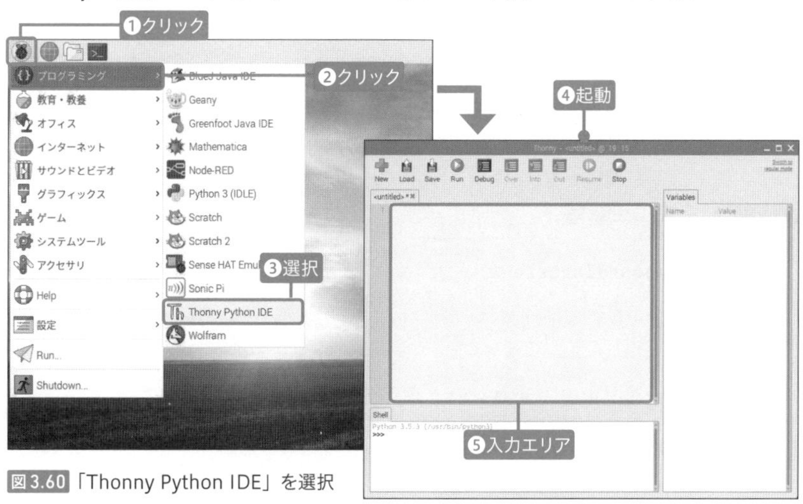

図3.60「Thonny Python IDE」を選択

それではプログラムを記述していきます。まずは必要なライブラリをインポートするコードを記述します（リスト3.1）。

リスト3.1 ライブラリのインポート

```
import RPi.GPIO as GPIO
from time import sleep
```

続いてGPIOピンを初期化するコードを記述します（リスト3.2）。

リスト3.2 GPIOピンの初期化

```
GPIO.setmode(GPIO.BCM) # ピン番号ではなくGPIOの番号で指定
GPIO.setup(21, GPIO.OUT) # GPIO 21を出力として指定
```

LEDを点滅させるためにGPIOピンのHighとLowを切り替える繰り返し処理をするコードを記述します（リスト3.3）。

リスト3.3 GPIOピンのHighとLowを切り替える繰り返し処理

```
try:
    while True:
        GPIO.output(21, GPIO.HIGH) # GPIO 21を HIGHに変更
        sleep(0.5) # 0.5秒停止
        GPIO.output(21, GPIO.LOW) # GPIO 21をLOWに変更
        sleep(0.5) # 0.5秒停止
```

[Ctrl] + [C] キーで繰り返し処理を終了させる処理のコードを記述します（リスト3.4）。

リスト3.4 繰り返し処理の終了

```
except KeyboardInterrupt:
    pass
```

最後にGPIOをリセットするコードを記述します（リスト3.5）。

リスト3.5 GPIOをリセット

```
GPIO.cleanup()
```

以上でプログラムは完成です。「Save」をクリックして（図3.61❶）、名前を入力し（ここでは「chapter3」）❷、「OK」をクリックします❸。その後、「Run」（再生マークのボタン）をクリックすると❹、LEDが点滅します。

キーボードの［Ctrl］＋［C］キーを押すことで点滅がストップします。

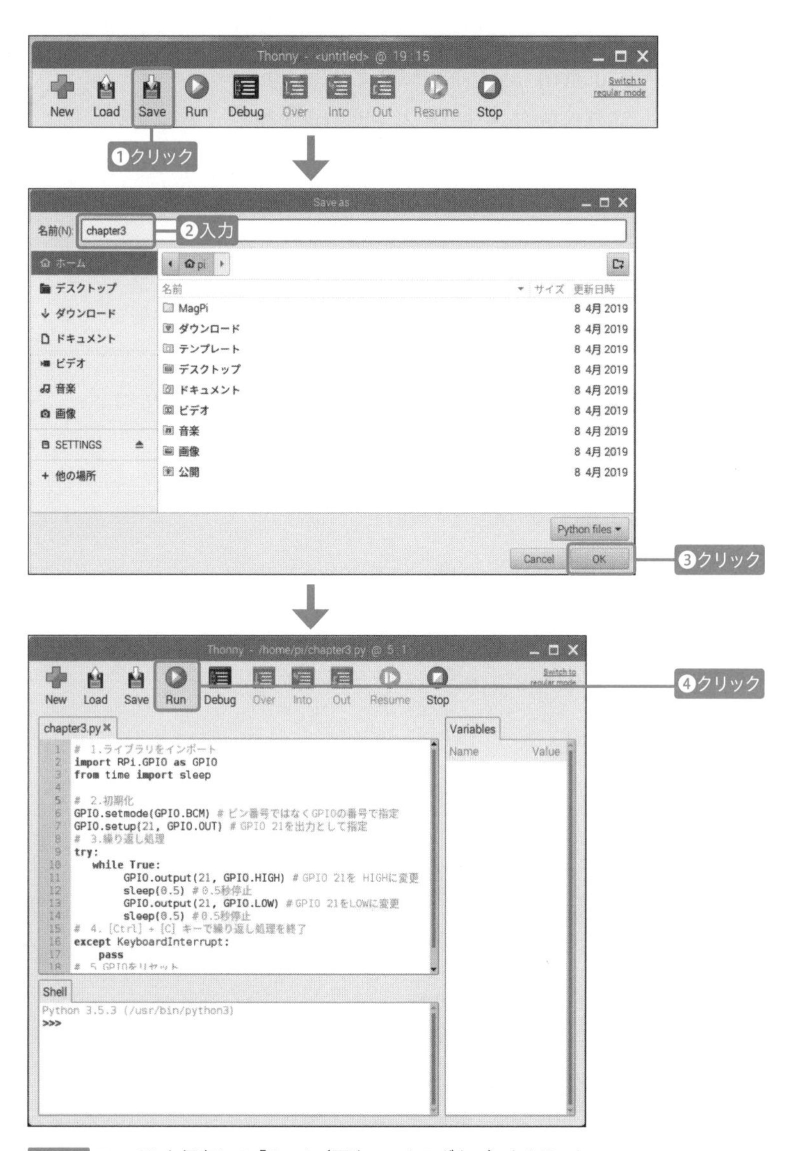

図3.61 ファイルを保存して「Run」（再生マークのボタン）をクリック

ここまで入力した全体のコードはリスト3.6のとおりです。

リスト3.6 全体のコード

```
# 1.ライブラリをインポート
import RPi.GPIO as GPIO
from time import sleep

# 2.初期化
GPIO.setmode(GPIO.BCM) # ピン番号ではなくGPIOの番号で指定
GPIO.setup(21, GPIO.OUT) # GPIO 21を出力として指定

# 3.繰り返し処理
try:
   while True:
        GPIO.output(21, GPIO.HIGH) # GPIO 21を HIGHに変更
        sleep(0.5) # 0.5秒停止
        GPIO.output(21, GPIO.LOW) # GPIO 21をLOWに変更
        sleep(0.5) # 0.5秒停止

# 4.[Ctrl] + [C] キーで繰り返し処理を終了
except KeyboardInterrupt:
    pass

# 5.GPIOをリセット
GPIO.cleanup()
```

MEMO

ターミナルからの実行

作成したプログラムはターミナルからも実行することができます。

● ターミナル

```
$ python3 ファイルパス/ファイル名
```

以下のコマンドでディレクトリに移動することもできます。

● ターミナル

```
$ cd ファイルパス
```

第4章 センサーによるデータの取得

本章では、温度センサーをRaspberry Piで制御し温度データを取得する方法を解説します。

4.1 IoTとセンサー

IoTで利用できるセンサーについては第2章でも触れましたが、温度や音声などを取得できる様々なセンサーが販売されています。本章で扱う温度センサー（ADT7410）は、次節で解説しますが温度をデジタルデータで取得できる温度センサーです。

本章では、第5章、第6章で作成するシステムの基本となる温度センサーからデータを取得するシステムを作成します。システム概要は図4.1のとおりです。

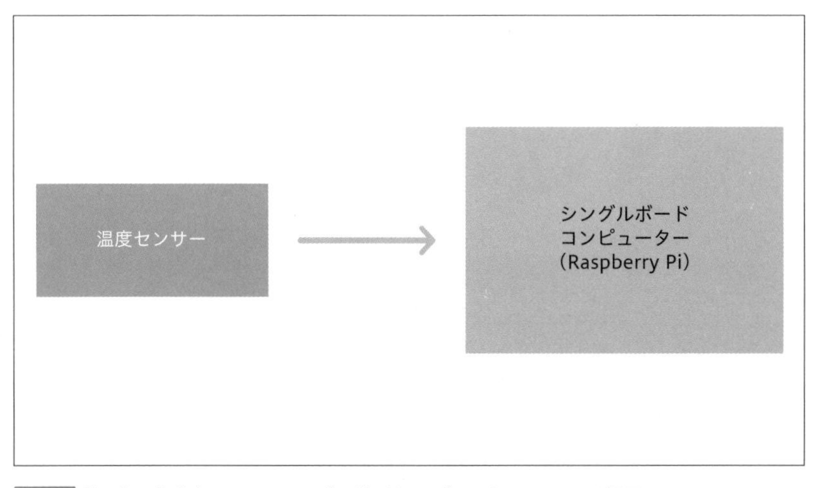

図4.1 第4章で作成するIoT × シングルボードコンピューターのシステム概要

4.2 本章で用意するデバイス「温度センサー」

本章で必要なデバイスは以下の温度センサーです（図4.2）。他にも「はんだごて」と「はんだ」が必要です。

- 温度センサー（ADT7410）
  URL http://akizukidenshi.com/catalog/g/gM-06675/

出典　株式会社秋月電子通商：「ADT7410使用　高精度・高分解能　I2C・16Bit　温度センサモジュール」より引用
URL　http://akizukidenshi.com/catalog/g/gM-06675/

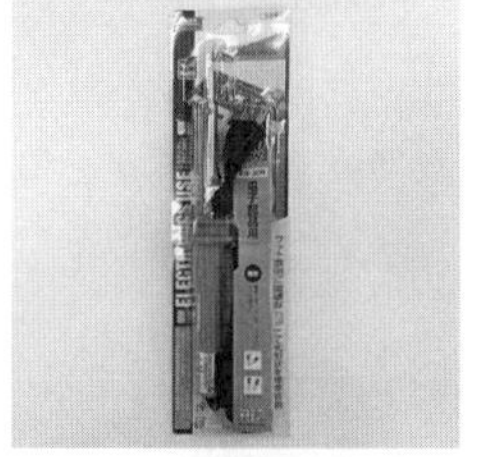

出典　株式会社秋月電子通商：「ニクロムはんだこて　KS－30R（30W）」より引用
URL　http://akizukidenshi.com/catalog/g/gT-02536/

出典　株式会社秋月電子通商：「鉛フリーはんだ　0.8mm」より引用
URL　http://akizukidenshi.com/catalog/g/gT-06869/

図4.2　本章で必要なデバイス

温度センサー（ADT7410）について

ここでは温度センサーにADT7410使用温度センサモジュールを利用します。

ADT7410使用温度センサモジュールは、I2C通信と呼ばれる接続方法でデジタル値を取得します。また、ADT7410には4つの接続箇所があり各接続の役割は 図4.3 のとおりです。

図4.3　温度センサー（ADT7410）

出典　株式会社秋月電子通商：「ADT7410使用　高精度・高分解能　I2C・16Bit　温度センサモジュール」より引用
URL　http://akizukidenshi.com/catalog/g/gM-06675/

- VDD（電源）
- SCL（シリアルデータ）
- SDA（シリアルロック）
- GND（グランド）

センサー基盤とピンヘッダをはんだ付けする

製品のパッケージは、センサー基板とピンヘッダが分解された状態です。先に組み付けのピンヘッダをはんだ付けする作業が必須です（図4.4）。

はんだ付け中

はんだ付け後（斜め上）

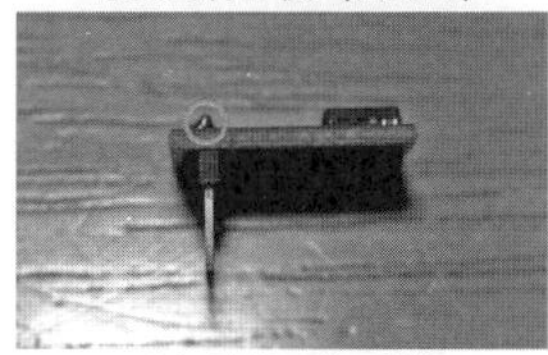
はんだ付け後（横）

図4.4 センサー基盤とピンヘッダのはんだ付け作業

4.3 I2C通信とは

I2C（Inter-Integrated Circuit）とは、センサーとデバイスを結ぶシリアル通信用のインターフェイスで、2本の物理線（SCLとSDA）で接続します。

I2C通信を用いることで、デジタル値を出力するセンサーなどを多数取り扱えるようになります。

I2C通信を有効にする

Raspberry Piの初期設定では、I2C通信が無効になっているため、有効に設定します。デスクトップ左上のRaspberry Piのアイコンをクリックし（図4.5 ❶）、メニューの中から「設定」❷→「Raspberry Piの設定」❸を選択します。

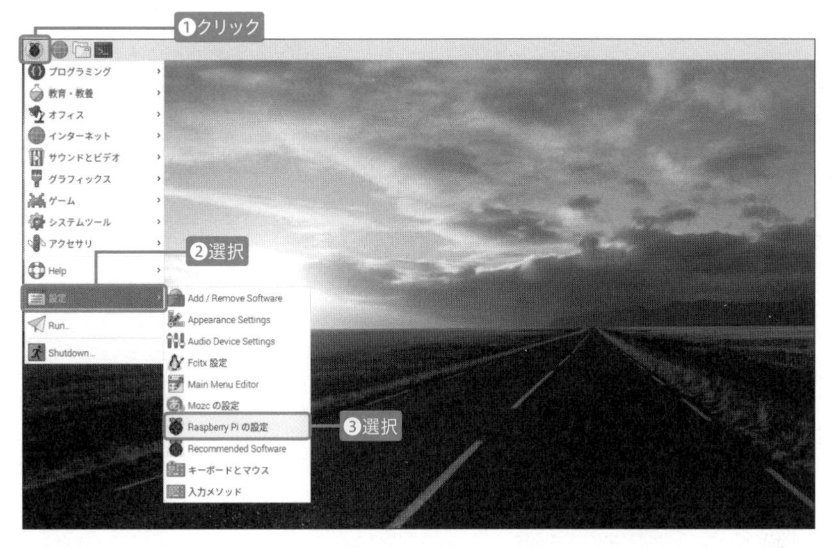

図4.5 メニューから「設定」→「Raspberry Piの設定」を選択

「Raspberry Piの設定」画面の「インターフェイス」タブをクリックして(図4.6❶)、「I2C」と「Serial Port」のラジオボタンをクリックし❷、「有効」にします。「OK」をクリックして❸、「再起動が必要です」画面で「はい」をクリックします❹。

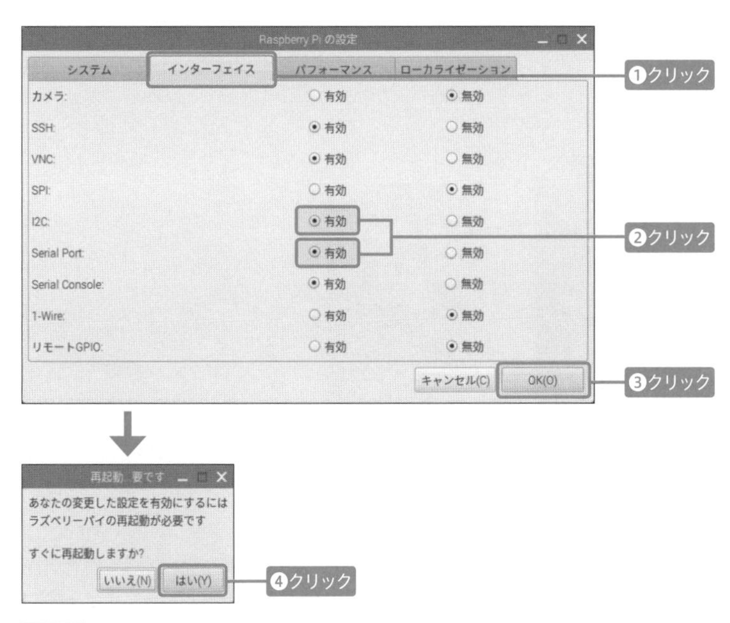

図4.6 「2C」を「有効」にする

4.4 温度センサーを取り付ける

ブレッドボードのB27にVDD、B24にGNDがくるように温度センサーを取り付けます（図4.7）。

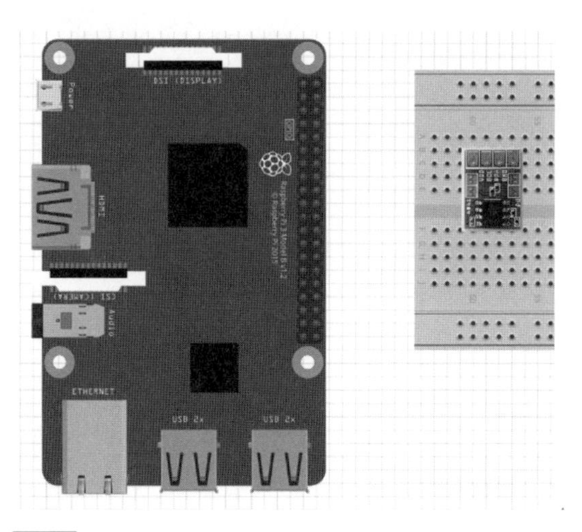

図4.7 温度センサーの取り付け①

GPIOポートのSCL（5）とブレッドボードのA26をジャンプワイヤでつなぎます（図4.8）。

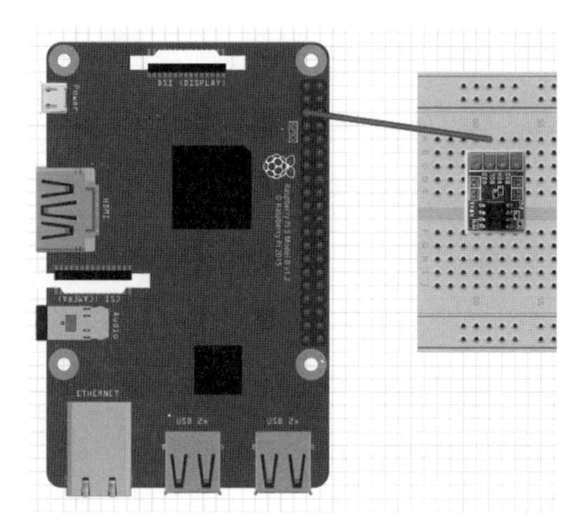

図4.8 温度センサーの取り付け②

GPIOポートのSDA（3）とブレッドボードのA25をジャンプワイヤでつなぎます（図4.9）。

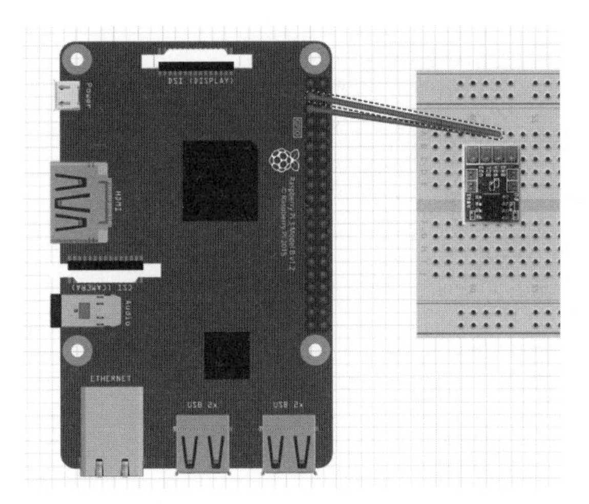

図4.9 温度センサーの取り付け③

GPIOポートのGND（6）とブレッドボードの「-」をジャンプワイヤでつなぎます（図4.10）。

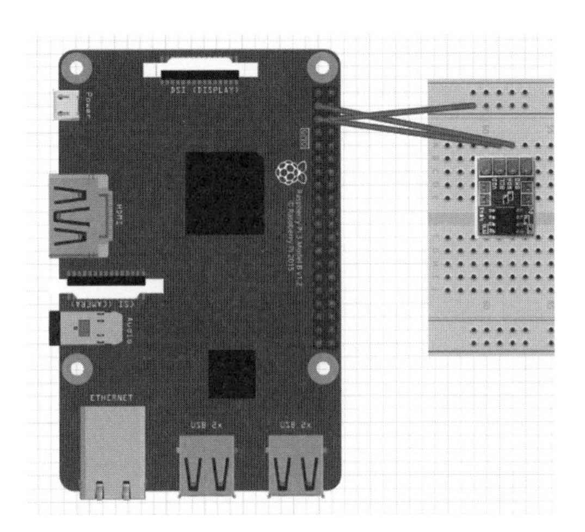

図4.10 温度センサーの取り付け④

ブレッドボードの「-」とA24をジャンプワイヤでつなぎます（図4.11）。

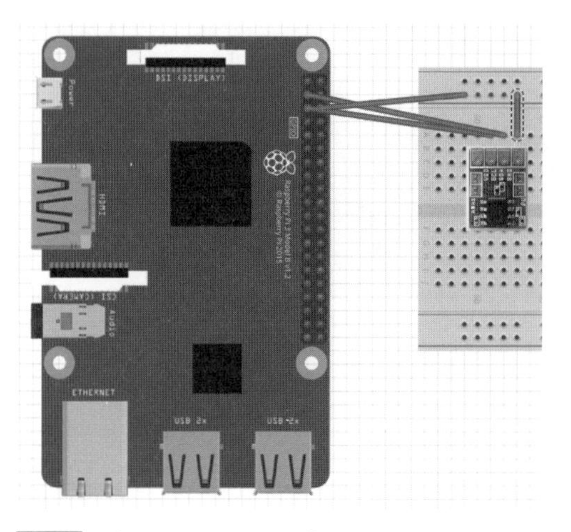

図4.11 温度センサーの取り付け⑤

GPIOポートの3.3V（1）とブレッドボードの「+」をジャンプワイヤでつなぎます（図4.12）。

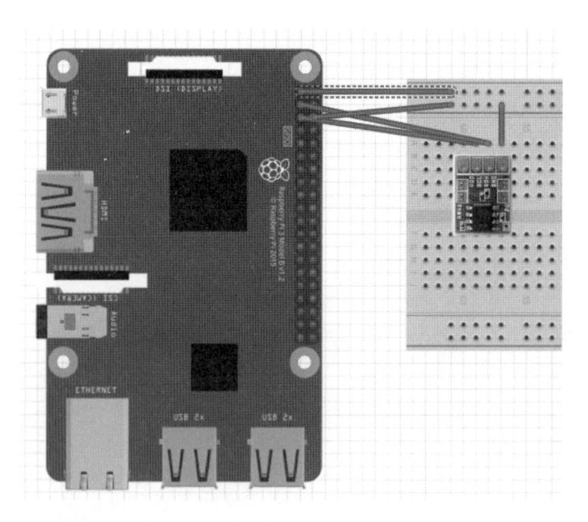

図4.12 温度センサーの取り付け⑥

ブレッドボードの「+」とA27をジャンプワイヤでつなぎます（図4.13）。

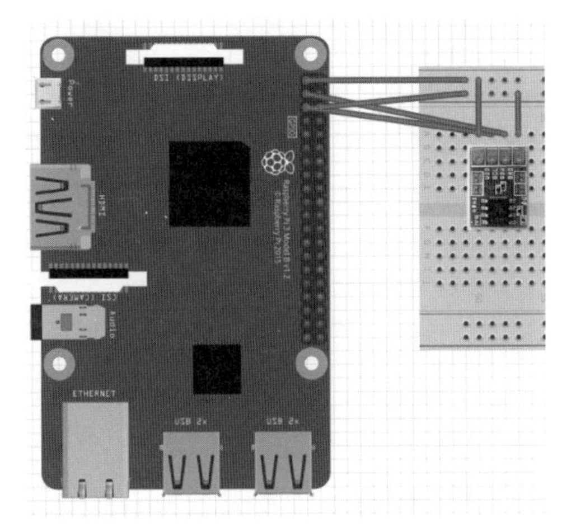

図4.13 温度センサーの取り付け⑦

 **MEMO**

直接Raspberry Piと温度センサーをつなぐ

ブレッドボードを使わず、直接Raspberry Piと温度センサーをつなぐこともできます。Raspberry Pi 3だけでなく、シングルボードコンピューターと各種センサーを直接接続する際には以下のような通信インターフェイスを利用します。

- GPIO：汎用的な入出力端子。High/Lowを制御する。
- SPI：デジタル接続で用いられる規格の1つで、電源入力とは別に3〜4つの接続で制御する。
- I2C：デジタル接続で用いられる規格の1つで、電源入力とは別に2つの接続で制御する。

4.5 温度センサーからデータを取得するプログラムを作成する

左上のRaspberry Piのアイコンをクリックし（図4.14❶）、メニューの中から「プログラミング」❷→「Thonny Python IDE」❸を選択します。

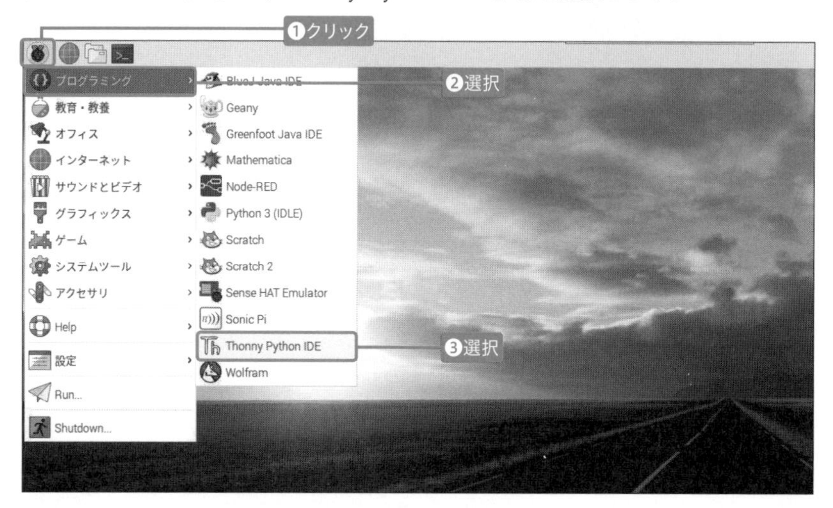

図4.14 「プログラミング」→「Thonny Python IDE」を選択

それではプログラムを記述していきます。

まずは必要なライブラリをインポートするコードを記述します（リスト4.1）。

リスト4.1 必要なライブラリをインポート

```
import smbus
from time import sleep
```

続いてI2C通信に必要なSMBusモジュールを設定するコードを記述します（リスト4.2）。

リスト4.2 SMBusモジュールを設定

```
bus = smbus.SMBus(1)
```

温度センサーに格納されたデータを読み込むための関数のコードを記述します（リスト4.3）。

リスト4.3 データを読み込むための関数を記述

```
def adt7410():
    block = bus.read_i2c_block_data(0x48, 0x00, 2)
    data = (block[0] << 8 | block[1]) >> 3
    if (data >= 4096):
        data -= 8192
    temp = data * 0.0625
    return temp
```

MEMO

0x

「**0x**」は16進数を表します。

MEMO

レジストリの番号

センサーのアドレスやデータが格納されるレジストリの番号は、センサーによって異なります。センサーに付属する説明書を確認してください。
ここで利用するADT7410の初期アドレスは「0x48」、レジストリは「0x00」となります。関数を実行する繰り返し処理を行います。

0.5秒ごとにデータを取得し表示部の「Shell」に温度を表示するコードを記述します（リスト4.4）。

リスト4.4 0.5秒ごとにデータを取得し「Shell」に温度を表示する

```
try:
    while True:
        value = adt7410()
        print(value)
```

```
        sleep(0.5)
except KeyboardInterrupt: # [Ctrl] + [C] キーで処理を終える
    pass
```

ファイルを保存して、（ここでは「chapter4」）「Run」（再生マークのボタン）をクリックすると（図4.15❶）、0.5秒ごとにデータが取得され、「Shell」に温度が表示されます❷。

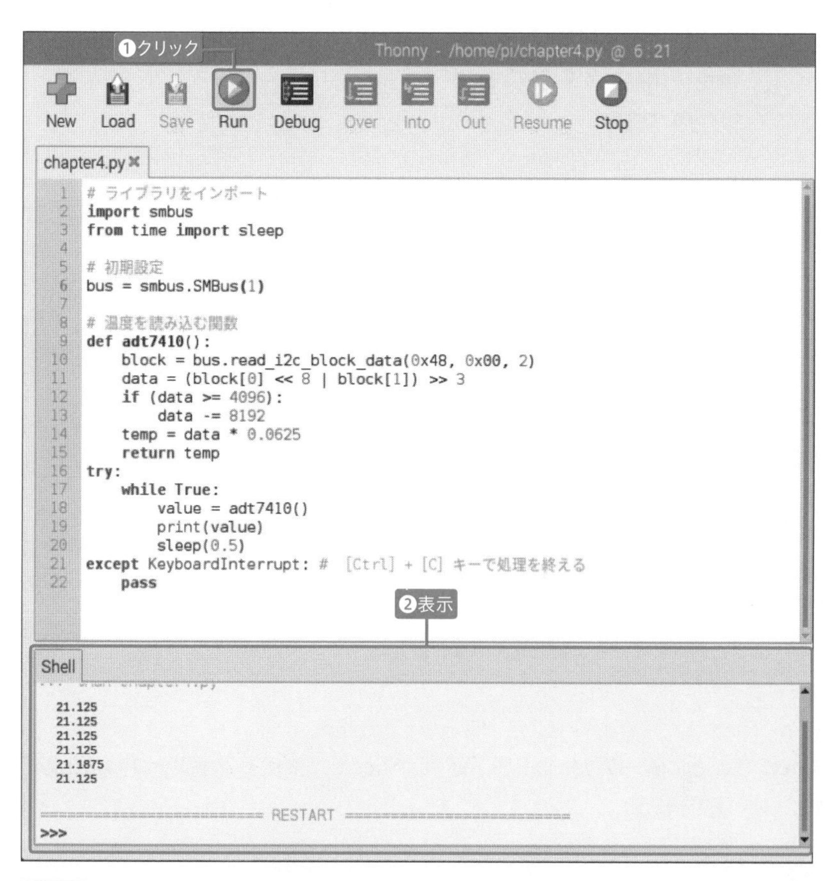

図4.15 「Run」（再生マークのボタン）をクリックしてプログラムを実行

キーボードの［Ctrl］＋［C］キーを押すことでプログラムが終了します。

全体のコードはリスト4.5のとおりです。

リスト4.5 ソースコード全体

```
# ライブラリをインポート
import smbus
from time import sleep

# 初期設定
bus = smbus.SMBus(1)

# 温度を読み込む関数
def adt7410():
    block = bus.read_i2c_block_data(0x48, 0x00, 2)
    data = (block[0] << 8 | block[1]) >> 3
    if (data >= 4096):
        data -= 8192
    temp = data * 0.0625
    return temp

try:
    while True:
        value = adt7410()
        print(value)
        sleep(0.5)

except KeyboardInterrupt: # [Ctrl] + [C] キーで処理を終える
    pass
```

第5章 クラウドストレージにデータを保存

前章では温度センサーから温度のデータを取得しましたが、まだデータが保存できていません。
温度データをクラウドストレージに保存するためにMicrosoft Azureを利用します。

5.1 IoTとクラウドストレージ

シングルボードコンピューターやセンサー経由で取得したデータはクラウド環境にアップロードすれば、離れた場所でもデータを取得でき、分析できます。

本章で扱うクラウドサービス「Microsoft Azure」(以下Azure) は、Microsoft社が提供するクラウドサービスです。最近ではIoTデータとの連携もスムーズにできるようになり、無料体験版もあるためIoTのトライアルにもってこいのクラウドサービスです。

本章で作成するIoT×クラウドのシステム概要は図5.1のとおりです。

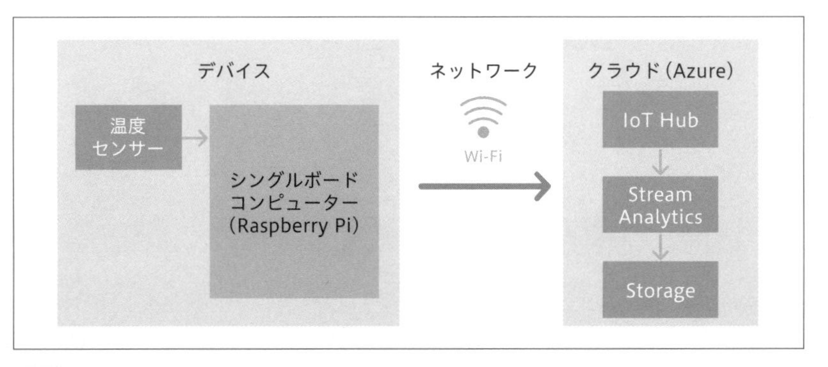

図5.1 第5章で作成するIoT×クラウドのシステム概要

5.2 Azureの無料アカウントを作成する

ここではAzureのサイトにアクセスして無料アカウントを作成します。

5-2-1 Azureのサイトにアクセス

図5.2のAzureのサイトにアクセスして「無料で始める」をクリックします[※1]。

※1 本書ではMicrosoft Edgeを使用しました。

- Azureのサイト
  URL https://azure.microsoft.com/ja-jp/free/

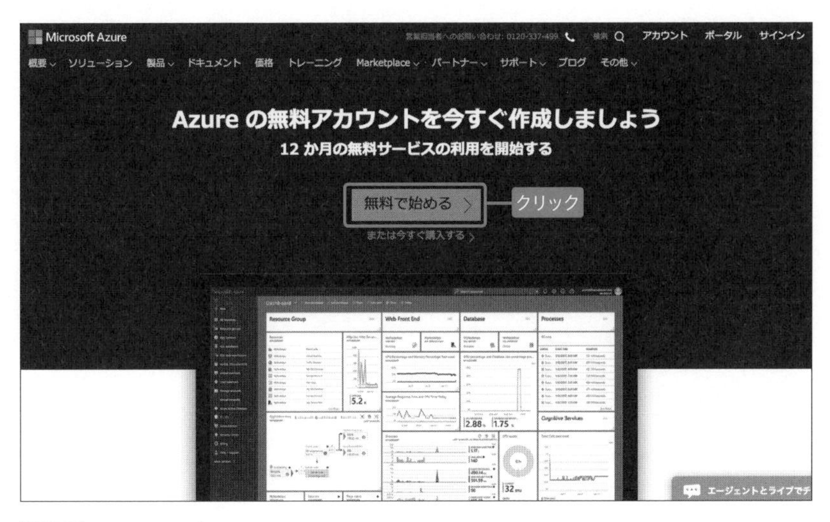

図5.2 Azureのサイト

URL https://azure.microsoft.com/ja-jp/free/

Microsoftアカウント※2にサインインします（図5.3 ❶❷❸❹）。
Microsoftアカウントを持っていない場合はアカウントの作成を行ってください。

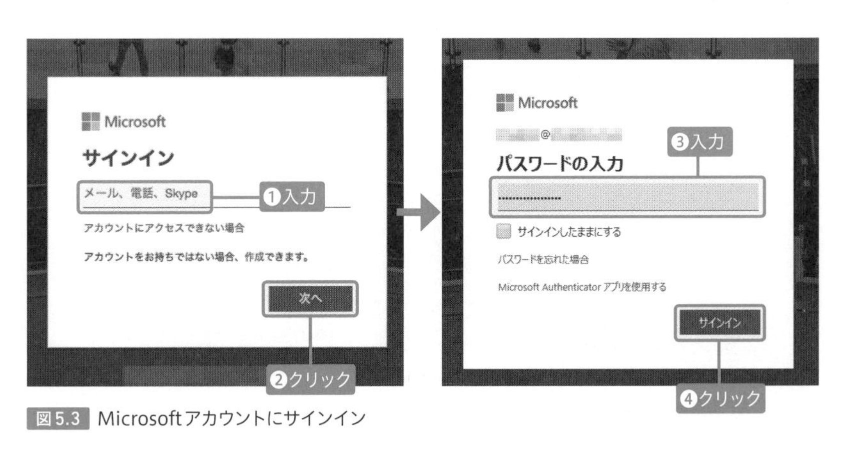

図5.3 Microsoftアカウントにサインイン

※2 Microsoftアカウントは、第6章のPower BIや付録2のAzure Machine Learningでも必要となります。例えば第6章の場合、同じMicrosoftアカウントの利用により、AzureとPower BIのどちらかのサービスがサインアウトした際に、連動することがあります。同じPCで操作する場合でしたら、同じアカウントを利用したほうが操作しやすいでしょう。

名前や住所、メールアドレスなどの個人情報を登録します（図5.4 ❶❷）。

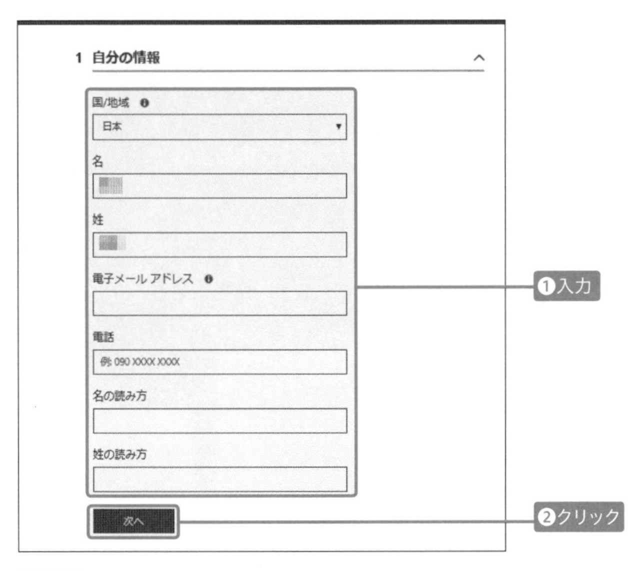

図5.4 「1 自分の情報」を登録

確認用の電話番号を入力して（図5.5 ❶）、「テキストメッセージを送信する」「電話する」のいずれかをクリックします❷。

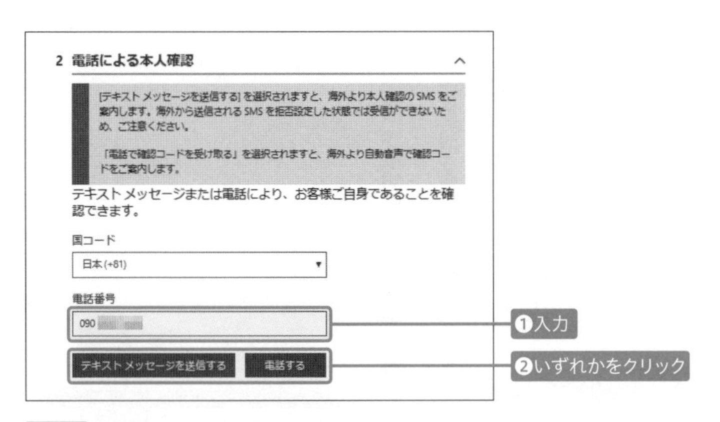

図5.5 「2 電話による本人確認」を実行

受け取った確認コードを入力します（図5.6 ❶）。「コードの確認」をクリックします❷。

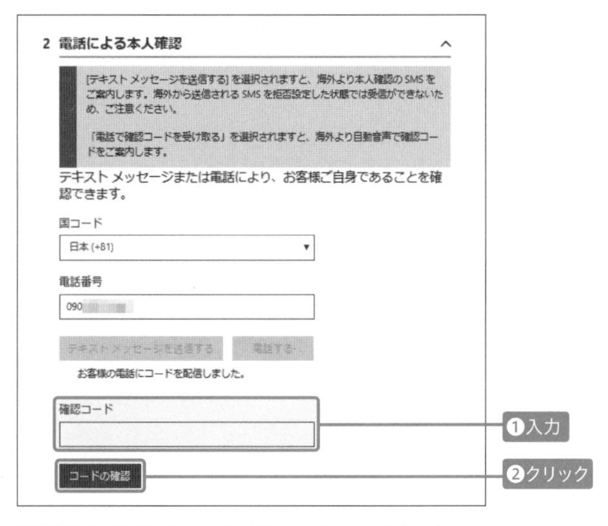

図5.6 「2 電話による本人確認」で確認コードを入力

クレジットカード情報を入力します（図5.7 ❶❷）。なおこの項目の入力により、自動で課金されることはありません。

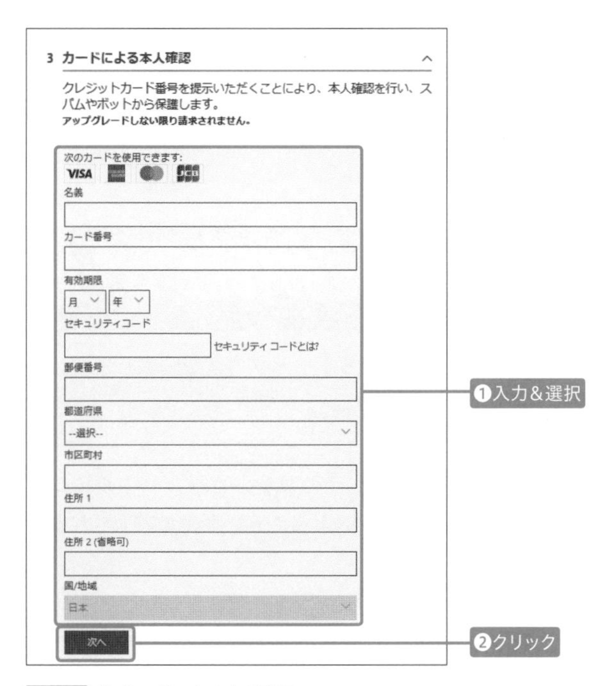

図5.7 「3 カードによる本人確認」

アグリーメントにチェックを入れてサインアップします（図5.8 ❶❷）。

最終画面に「ポータルに移動」と書かれたリンクが表示されます（画面は割愛）。

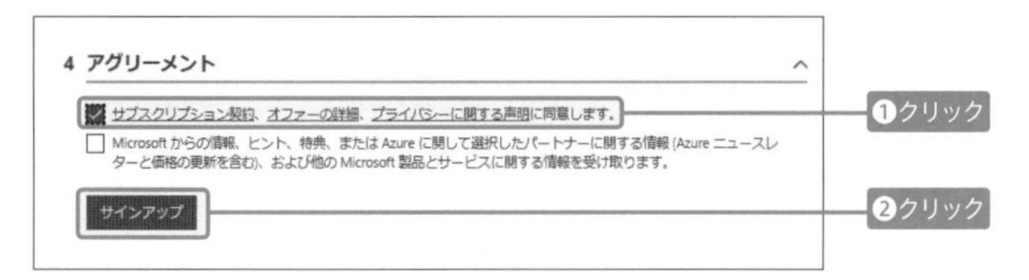

図5.8 「4 アグリーメント」に同意する

MEMO

無料アカウントの有効期間

無料アカウントは30日間利用できます。30日間を過ぎた後は、「従量課金制サブスクリプション」にアップグレードする必要がありますが、「従量課金制サブスクリプション」でも無料で利用できるサービスが複数あります。
無料で利用できるサービスは以下のページをご参照ください。

- Azure 無料アカウント FAQ
  URL https://azure.microsoft.com/ja-jp/free/free-account-faq/

5.3 Azure Storageの作成

この節からは5.2節で登録したAzureの各セットアップ方法を解説します。まずはAzure Storageの作成方法から解説します。

Azureのポータルサイトにアクセスして Azureのコントロールパネルにログインします。初回ツアーの「Microsoft Azureへようこそ」画面が表示されます（画面は割愛）。

- Azure
  URL https://portal.azure.com/

まずは、Azure Storageを作成します。左上の☰をクリックして（図5.9 ❶）、「リソースの作成」を選択します❷。

図5.9 「リソースの作成」を選択

「ストレージ」（図5.10 ❶）→「ストレージアカウント-Blob、File、Table、Queue」をクリックします❷。

図5.10 「ストレージ」→「ストレージアカウント-Blob、File、Table、Queue」をクリック

「基本」タブを 表5.1 のように設定して（図5.11 ❶）、「確認および作成」をクリックします❷。

表5.1 「基本」タブの設定

項目	設定例	内容
サブスクリプション	無料試用版(ただし、無料体験期間内のみ。その後は従量課金)	無料体験期間内だと「無料試用版」を選ぶことができます。 • Azure Storage の価格の概要 URL https://azure.microsoft.com/ja-jp/pricing/details/storage/
リソースグループ	任意の名前	リソースグループで、各サービスをまとめて管理することができます。
ストレージアカウント名	任意の名前	ストレージに名前を付けます。名前は、Azure内にある既存のすべてのストレージ アカウント名の間で一意である必要があります。長さは3から24文字でなければならず、英小文字と数字のみを使用することができます。
場所	（アジア太平洋）東日本（任意）	ストレージを作成するデータセンターを選択します。
パフォーマンス	Standard	HDDを使用した「Standard」とSSDの「Premium」を選択できます。「Premium」は仮想マシンでの利用を想定したサービスです。
アカウントの種類	StorageV2(汎用 v2)	「汎用 v2 アカウント」、「汎用 v1 アカウント」、「BLOB ストレージ アカウント」を選択できます。 • Azure ストレージ アカウントの概要 URL https://docs.microsoft.com/ja-jp/azure/storage/common/storage-account-overview
レプリケーション	読み取りアクセス地理冗長ストレージ	Azure Storageのレプリケーションでは、一時的なハードウェア障害、ネットワークの停止などからデータが保護されるようにデータがコピーされます。Azure Storageの冗長性を設定します。 • Azure Storage の冗長性 URL https://docs.microsoft.com/ja-jp/azure/storage/common/storage-redundancy
アクセス層(既定)	ホット	「ホット」アクセス層は頻繁にアクセスされるデータに最適で、「クール」アクセス層は、アクセス頻度の低いデータに最適です。

「検証に成功しました」のメッセージとともにアカウント情報が表示されるので内容を確認して（図5.12 ❶）、「作成」をクリックします❷。

図5.11 「基本」タブの設定

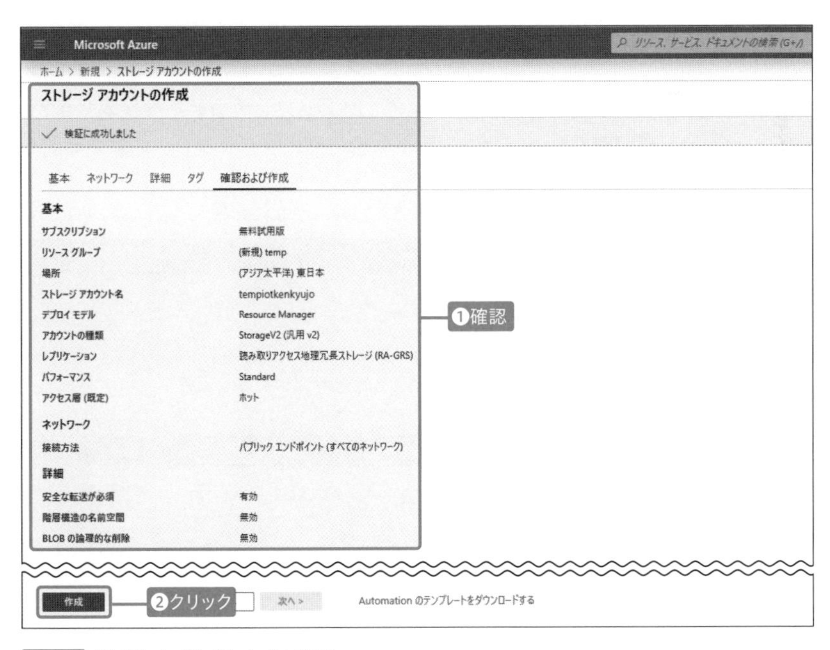

図5.12 「確認および作成」タブの確認

「デプロイが完了しました」と表示されたら（図5.13 ❶）、「リソースに移動」をクリックしてください❷。なおストレージが作成されるのに数十秒かかります。

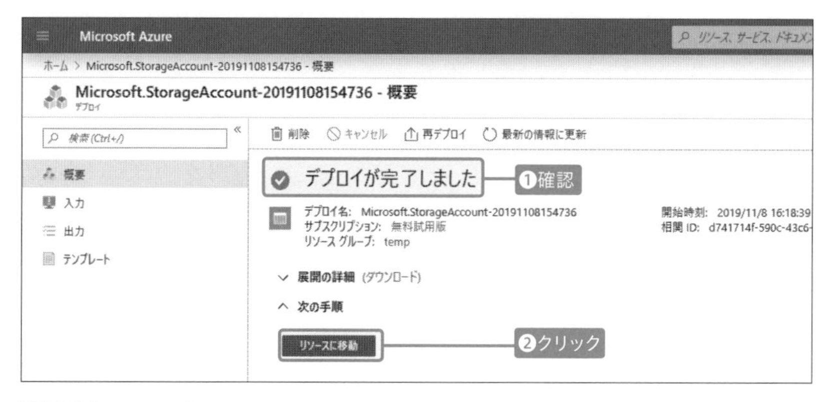

図5.13 「リソースに移動」をクリック

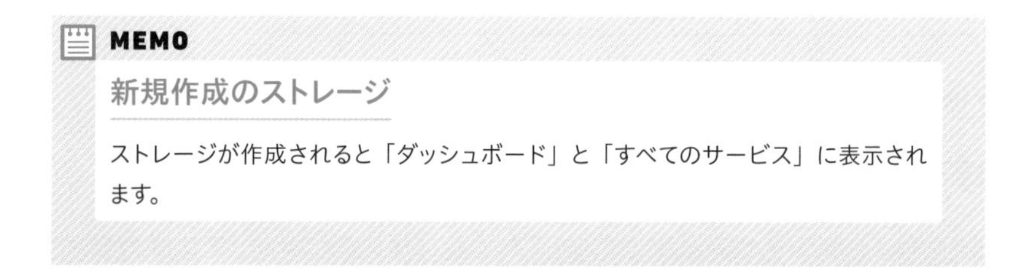

MEMO

新規作成のストレージ

ストレージが作成されると「ダッシュボード」と「すべてのサービス」に表示されます。

最後に、データの出力先となるフォルダ（BLOBコンテナー）を作成します。「コンテナー」（図5.14 ❶）→「コンテナー」❷の順にクリックし、任意の名前でコンテナーを作成します❸❹。

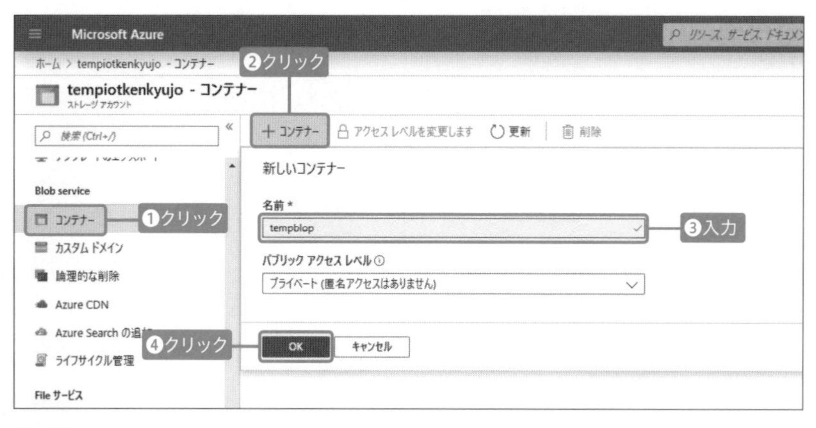

図5.14 コンテナーの作成

5.4 IoT Hubの作成とデバイスの登録

前節に続いてここでは、IoT Hubを作成して、デバイスを登録します。

5-4-1 IoT Hubの作成

IoT Hubは、Raspberry Piから送られてきたデータの受け口となります。

☰をクリックして（図5.15❶）「リソースの作成」をクリックし❷、「モノのインターネット（IoT）」❸→「IoT Hub」❹をクリックします。

図5.15 「IoT Hub」の選択

「基本」タブを表5.2のように設定します（図5.16❶）。「次へ：サイズとスケール」をクリックします❷。

表5.2 IoT Hubの設定

項目	設定例	内容
サブスクリプション	無料試用版（ただし、無料体験期間内のみ。その後は従量課金）	無料体験期間内だと「無料試用版」を選ぶことができます。
リソースグループ	5.3節で作成したリソースグループ	5.3節で作成したリソースグループを選択します。
リージョン	5.3節で選択した場所（任意）	5.3節で選択した場所を選択します。
IoT Hub 名	任意の名前	IoT Hubに名前を付けます。

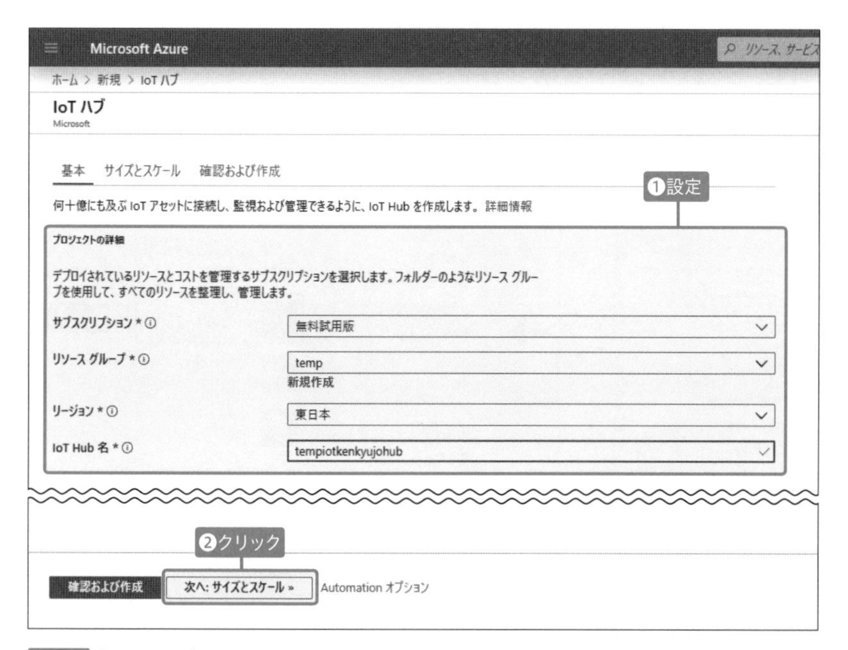

図5.16「基本」タブの設定

「サイズとスケール」タブでは表5.3のように設定し（図5.17❶）、「確認および作成」をクリックします❷。内容を確認したら❸、「作成」をクリックします❹。IoT Hubが作成されるのに数十秒ほどかかります。表示されない場合は「更新」ボタンをクリックしてください。デプロイが完了したら「リソースに移動」をクリックします❺。IoT Hubが作成され、「ダッシュボード」と「すべてのサービス」に表示されます。

表5.3 「サイズとスケール」タブの設定

項目	設定例	内容
価格とスケールティア	F1：Free レベル	接続できるデバイス数や1日あたりの受信数を選択します。なお、選択するスケールティアによって価格が異なります。 • Azure IoT Hub の価格 URL https://azure.microsoft.com/ja-jp/pricing/details/iot-hub/
IoT Hub F1のユニット数	1	接続するユニット数を設定します。

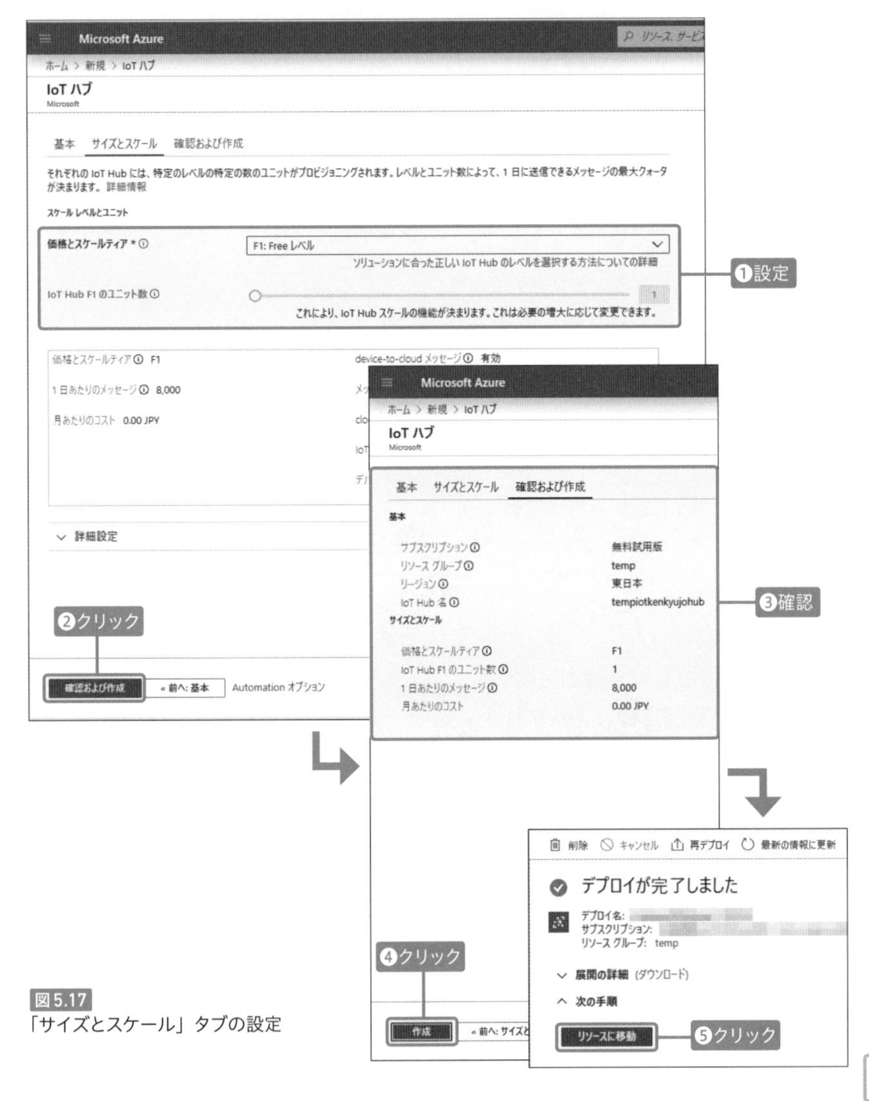

図5.17
「サイズとスケール」タブの設定

5-4-2 デバイスの登録

続いて、デバイスの登録を行います。

IoT Hubの「概要」に移動して、「IoT デバイス」を選択し（図5.18❶）、「新規作成」をクリックします❷。

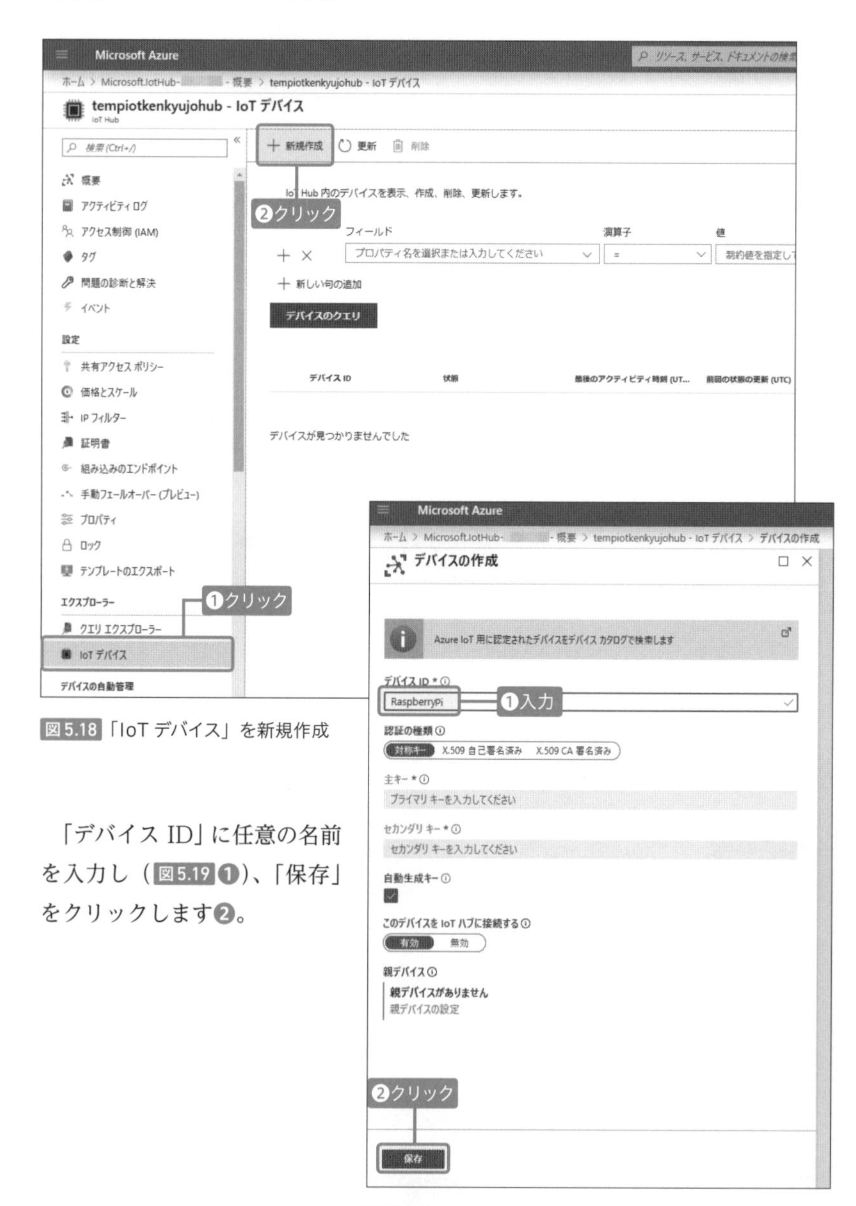

図5.18 「IoT デバイス」を新規作成

「デバイス ID」に任意の名前を入力し（図5.19❶）、「保存」をクリックします❷。

図5.19 デバイスの新規作成

登録されたデバイスをクリックします（図5.20）。

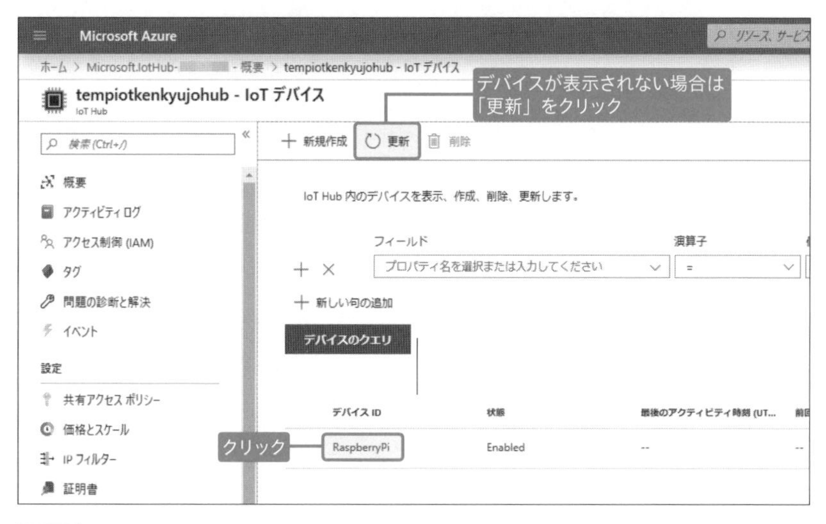

図5.20 登録されたデバイスをクリック

プライマリ接続文字列をコピーしてメモに保存しておきます（図5.21）。

Raspberry Piからデータを Azureに送付するプログラムを作成する際に「プライマリ接続文字列」を利用します。

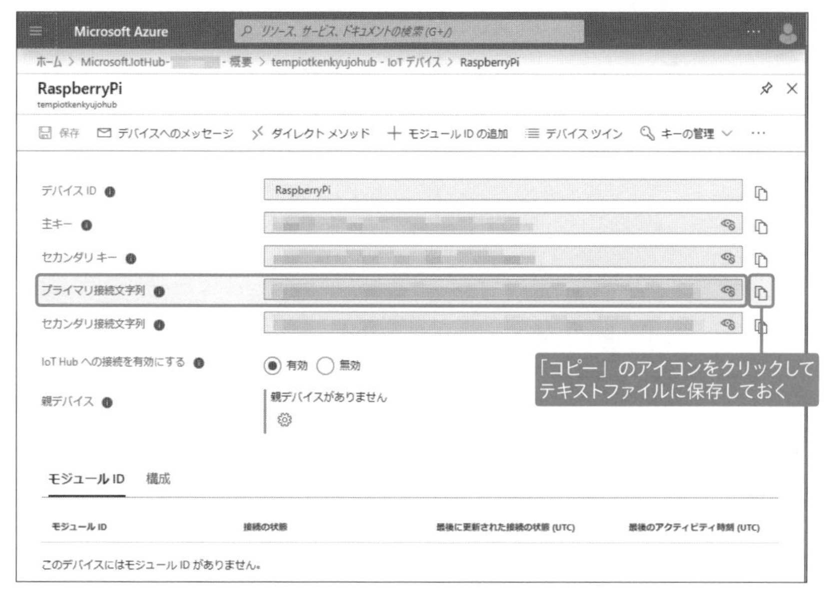

図5.21 プライマリ接続文字列をコピー

5.5 Stream Analyticsを作成する

ここでは、Stream Analyticsを作成します。

Raspberry Piから送られてきたデータをIoT Hubが受信し、Stream Analytics経由でBlobストレージにCSVとして書き出すようにします。

5-5-1 入力の設定

☰をクリックして（図5.22❶）、「リソースの作成」をクリックし❷、「モノのインターネット（IoT）」❸→「Stream Analytics job」をクリックします❹。

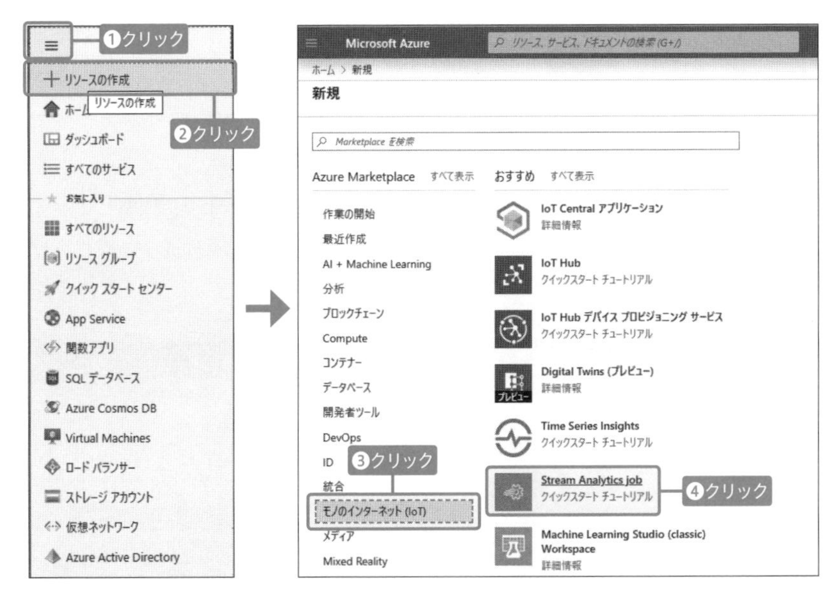

図5.22 「Stream Analytics job」をクリック

「新しいStream Analyticsジョブ」を表5.4のように設定し（図5.23❶）、「作成」をクリックします❷。

表5.4 「新しい Stream Analytics ジョブ」の設定

項目	設定例	内容
ジョブの名前	任意の名前	ジョブに名前を付けます。
サブスクリプション	無料試用版（ただし、無料体験期間内のみ。その後は従量課金）	無料体験期間内だと「無料試用版」を選べます。 • Azure Stream Analytics の価格 URL https://azure.microsoft.com/ja-jp/pricing/details/stream-analytics/
リソースグループ	5.3節で作成したリソースグループ	5.3節で作成したリソースグループを選択します。
場所	5.3節で選択した場所（任意）	5.3節で選択した場所を選択します。
ホスティング環境	クラウド	ジョブを配置する場所のホスティング環境を設定します。 • クラウド：Azureクラウドにジョブを配置する • Edge：オンプレミスのIoT Gateway Edgeデバイスにジョブを配置する ※通常は「クラウド」を選択します。
ストリーミングユニット（1から192）	3	ストリーミングユニットは、クエリの処理に使用できる計算リソースのプールとして使用されます。

図5.23 入力の設定

Stream Analyticsが作成されます。ダッシュボードで、「すべてのリソース」をクリックすると（図5.24❶）、作成したStream Analytics を確認できます❷。

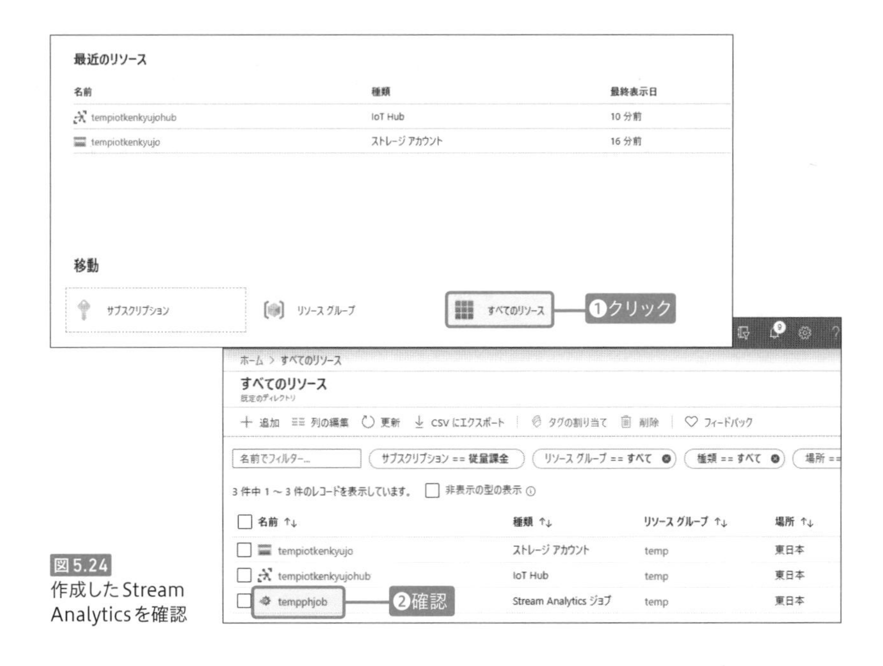

図5.24 作成したStream Analyticsを確認

5-5-2 データの加工方法の設定

次に、IoT Hubから受け取ったデータの加工方法を設定します。

すべてのリソースの中から作成したStream Analytics（ここではtempphjob）をクリックし、「入力」をクリックした後（図5.25❶）、「ストリーム入力の追加」をクリックし❷、ドロップメニューから「IoT Hub」を選択します❸。

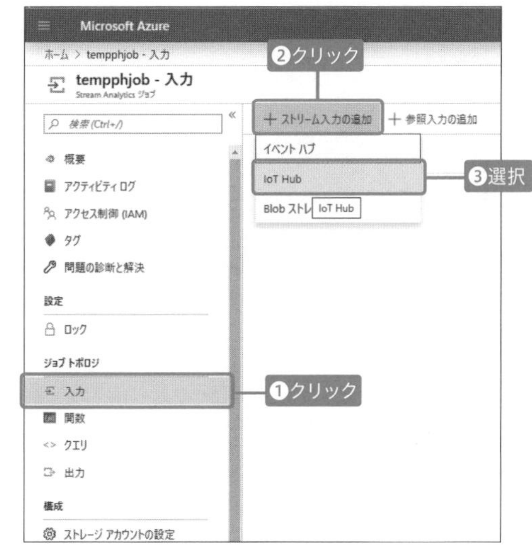

図5.25 「ストリーム入力の追加」→「IoT Hub」を選択

新規入力に表5.5のように設定し（図5.26❶）、「保存」をクリックします❷。

表5.5 新規入力の設定

項目	設定例	内容
入力のエイリアス	任意の名前	任意の名前を付けます。
サブスクリプション	無料試用版（ただし、無料体験期間内のみ。その後は従量課金）	無料体験期間内だと「無料試用版」を選ぶことができます。
IoT Hub	5.4節で作成したIoT Hubの名前	関連付けるサービスを選択します。ここでは5.4節で作成したIoT Hubの名前を選択します。
エンドポイント	メッセージング	関連付けるサービスのエンドポイントを選択します。 「メッセージング」と「操作監視」が選択できます。
共有アクセスポリシー名	iothubowner	関連付けるサービスの共有アクセスポリシーを選択します。
共有アクセスポリシーキー	自動で選択される共有アクセスポリシーキー	ラジオボタンで「サブスクリプションからIoT Hub を選択する」が自動で選択されるので、設定は不要です。
コンシューマーグループ	$Default	既定値のままで設定は不要です。
イベントシリアル化形式	JSON	入力データのフォーマットを指定します。
エンコード	UTF-8	入力データのエンコードを指定します。
イベントの圧縮タイプ	なし	圧縮の種類として、「GZip」「Deflate」または、「なし」を指定できます。

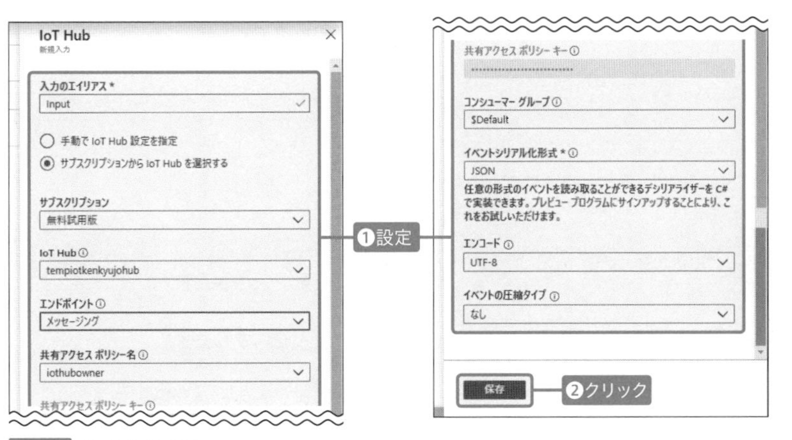

図5.26 加工方法の設定

5-5-3 出力の設定

前項と同様にして出力の設定を行います。

「出力」をクリックして（図5.27❶）、「追加」をクリックし❷、ドロップメニューから「Blob Storage/Data Lake Storage Gen2」を選択します❸。

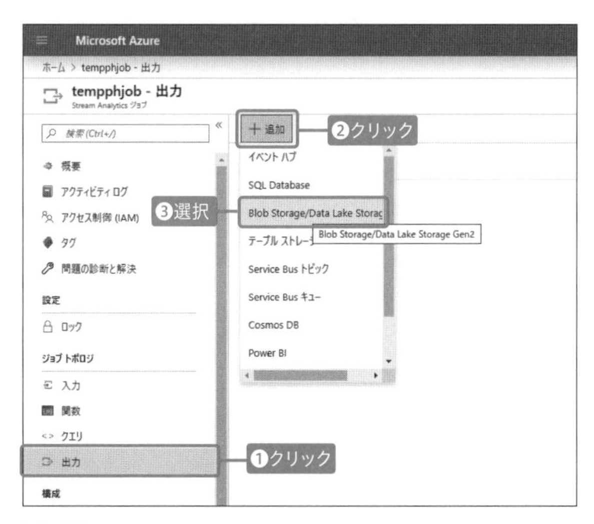

図5.27 「Blob Storage/Data Lake Storage Gen2」を選択

表5.6のように設定し（図5.28❶）、「保存」をクリックします❷。

表5.6 出力の設定

項目	設定例	内容
出力のエイリアス	任意の名前	任意の名前を付けます。
サブスクリプション	無料試用版（ただし、無料体験期間内のみ。その後は従量課金）	無料体験期間内だと「無料試用版」を選ぶことができます。
ストレージアカウント	5.3節で作成したストレージの名前	関連付けるサービスを選択します。
ストレージアカウント キー	自動で選択されるアカウントキー	選択しているストレージのアカウントキーが自動で入力されます。
コンテナー	5.3節で作成したコンテナー名	コンテナーを指定します。
パスパターン	任意	データの保存先のパスを設定できます。
日付の形式	YYYY/MM/DD	日付の形式を入力します。

（続き）

項目	設定例	内容
時刻の形式	HH	時刻の形式を入力します。
イベントシリアル化形式	CSV	出力データのフォーマットを指定します。
区切り記号	コンマ(,)	区切り記号を指定します。
エンコード	UTF-8	出力データのエンコードを指定します。
最小行数	1	バッチごとに必要な行数を設定できます。
最大時間	10（分）	バッチごとの最大待機時間を設定できます。最小行数要件が満たさらない場合でも、最大待機時間を経過するとバッチが出力されます。
認証モード	接続文字列	「接続文字列」と「マネージドID」が選択できます。Data Lake Storage アカウントへのアクセスを承認できます。

図5.28 出力の設定

5-5-4 クエリの設定

入力と出力の設定が終わったら、クエリを設定します。

「クエリ」をクリックし（図5.29❶）、リスト5.1のように5.5.1項と5.5.3項で設定した「入力」の名前（Input）、「出力」の名前（Output）をそれぞれ設定します❷。書き換えた後、「クエリの保存」をクリックします❸。

リスト5.1 クエリの修正

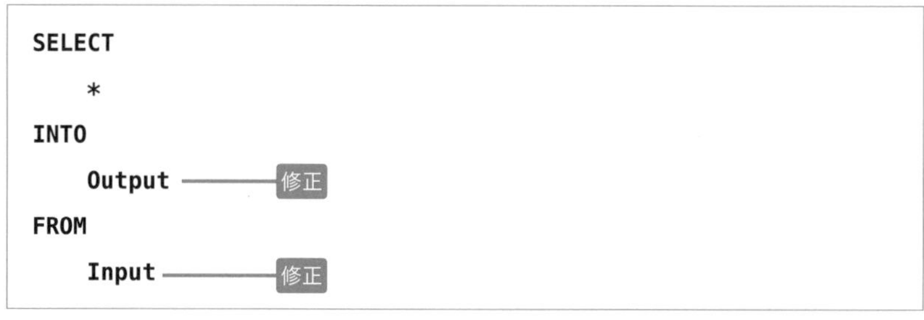

```
SELECT
    *
INTO
    Output  ――― 修正
FROM
    Input  ――― 修正
```

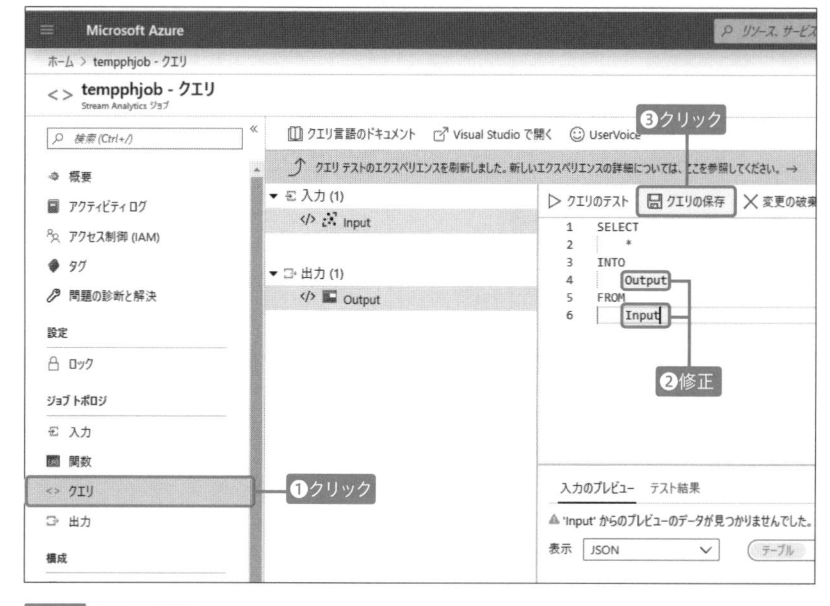

図5.29 クエリの設定

MEMO

クエリによる入出力データの操作

ここでは単純に入力されたデータを出力する設定を行いましたが、クエリを用いることで、データを1分間の平均値に変換したり、最大値や最小値を抽出したりすることもできます。クエリの設定例は以下のサイトを参照してください。

- Azure Stream Analytics での一般的なクエリ パターン
  URL https://docs.microsoft.com/ja-jp/azure/stream-analytics/stream-analytics-stream-analytics-query-patterns

すべての設定が終わったので、最後に「概要」をクリックして（図5.30❶）、「開始」❷→「開始」❸をクリックします。

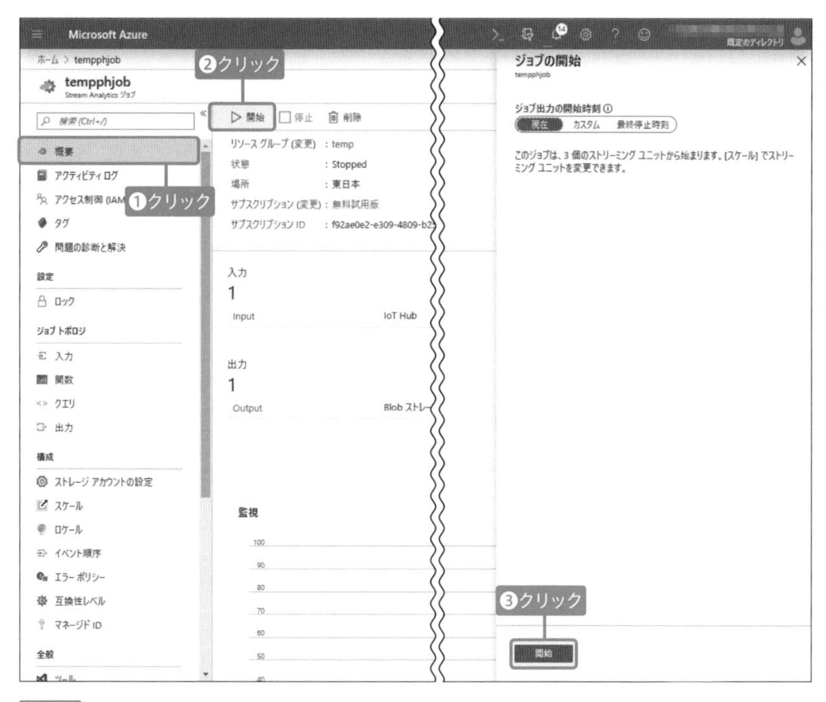

図5.30「開始」をクリック

5.6 IoT Hubにデータを送信するプログラムを作成する

前節まででクラウド側（Azure）の設定は完了しました。ここからはデータを送る側の設定を行います。

5-6-1 データを送る側のプログラムの作成

データを蓄積する「Storage」、データを受け付ける「IoT Hub」、受け取ったデータを加工する「Stream Analytics」の作成ができたので、実際にRaspberry Piで取得した温度データをIoT Hubに送信してCSVファイルでStorageに保存されるかどうか確かめてみましょう。

ライブラリのインストール

IoT Hubにデータを送信するために必要なライブラリをRaspberry Piにインストールします。

ターミナルに以下のコマンドを入力します。

● ターミナル

```
$ pip3 install azure-iothub-device-client
```

MEMO

ライブラリがインストールされない場合

正常にライブラリがインストールされない場合は、パッケージがアップデートされていない可能性があるため、以下のコマンドを実行してください。

● ターミナル

```
$ sudo apt-get update
```

Raspbianでazure-iothub-device-clientを利用する

Azure IoT Hub Device Client SDKライブラリはWindowsで動作するライブラリです。

本書で利用するRaspbian（Linux系のOS）やmacOSで動作させる場合には、追加で以下のコマンドを入力します[※3]。

● ターミナル

```
$ sudo apt-get install libboost-python-dev
```

※3 「E: dpkgは中断されました。問題を修正するには 'sudo dpkg --configure -a' を手動で実行する必要があります。」というメッセージが出た場合は以下のコマンドを実行してください。

● ターミナル

```
$ sudo dpkg --configure -a
```

プログラムの作成

ライブラリのインストールが完了したらプログラムを作成します。

左上のRaspberry Piのアイコンをクリックし（図5.31❶）、メニューから「プログラミング」→「Thonny Python IDE」を選択します❷❸。

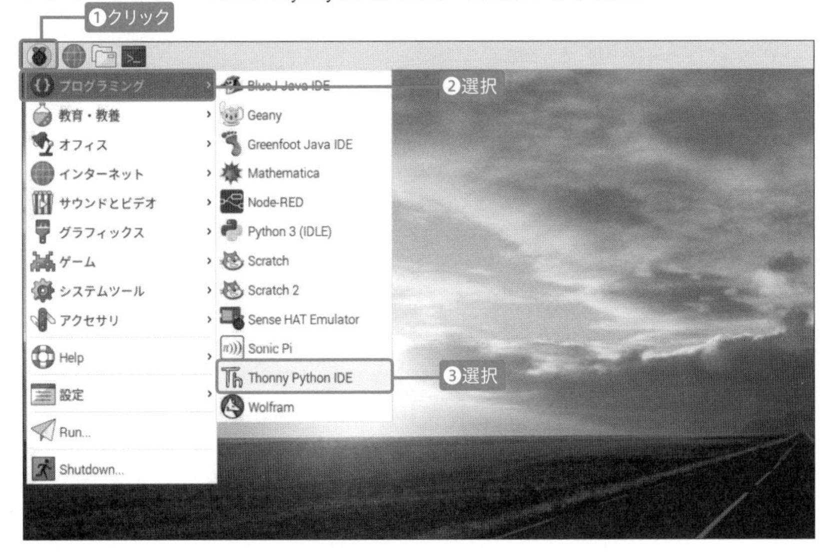

図5.31「Thonny Python IDE」を選択

それではプログラムを記述していきます。まずは必要なライブラリをインポートするコードを記述します（リスト5.2）。

リスト5.2 必要なライブラリをインポート

```
# ライブラリをインポート
import smbus
import time
import sys
import iothub_client
from iothub_client import IoTHubClient, IoTHubClientError, ➡
IoTHubTransportProvider, IoTHubClientResult
from iothub_client import IoTHubMessage, ➡
IoTHubMessageDispositionResult, IoTHubError, ➡
DeviceMethodReturnValue
```

続いて初期設定を行います（リスト5.3）。「********」にはコネクションキーを設定します。5.4節でメモしたプライマリ接続文字列を入力してください。

リスト5.3 初期設定

```
# 初期設定
CONNECTION_STRING = "********"
PROTOCOL = IoTHubTransportProvider.MQTT
MSG_TXT = "{\"temperature\": %.2f}"
```

プライマリ接続文字列を入力

IoT Hubにデータを送信するための関数を記述します（リスト5.4）。

リスト5.4 データ送信の関数を記述

```
# IoT Hubにデータを送信するための関数
def send_confirmation_callback(message, result, user_context):
    print ( "IoT Hub responded to message with status: %s" ➡
% (result) )

def iothub_client_init():
    client = IoTHubClient(CONNECTION_STRING, PROTOCOL)
    return client
```

温度を読み込む関数を記述します（リスト5.5）。

リスト5.5 温度を読み込む関数を記述

```
# 温度を読み込む関数
def adt7410():
    block = bus.read_i2c_block_data(0x48, 0x00, 2)
    data = (block[0] << 8 | block[1]) >> 3 # 13ビットデータ
    if (data >= 4096):  # 温度が正または0の場合
        data -= 8192
    temp = data * 0.0625
    return temp
```

関数を実行し繰り返し処理を行うコードを記述します（リスト5.6）。

リスト5.6 繰り返し処理

```
# 関数を実行し繰り返す処理
try:
    client = iothub_client_init()
    while True:
        inputValue = adt7410()
        msg_txt_formatted = MSG_TXT % (inputValue)
        message = IoTHubMessage(msg_txt_formatted)
        client.send_event_async(message, send_confirmation_➡
callback, None)
        time.sleep(1)

except KeyboardInterrupt:
    pass
```

これでプログラムは完成です。名前を付けて保存をした後（ここでは「chapter5」）、「Run」（再生マークのボタン）をクリックすると取得したデータがAzureのIoT Hubに送信されストレージ内にデータが保存されます。

全体のソースコードは、リスト5.7のとおりです。

リスト5.7 全体のソースコード

```
# ライブラリをインポート
import smbus
import time
import sys
import iothub_client
from iothub_client import IoTHubClient, IoTHubClientError, ➡
IoTHubTransportProvider, IoTHubClientResult
from iothub_client import IoTHubMessage, ➡
IoTHubMessageDispositionResult, IoTHubError, ➡
DeviceMethodReturnValue
```

```
# 初期設定
CONNECTION_STRING = "********"
PROTOCOL = IoTHubTransportProvider.MQTT
MSG_TXT = "{\"temperature\": %.2f}"
bus = smbus.SMBus(1)

# IoT Hubにデータを送信するための関数
def send_confirmation_callback(message, result, user_context):
    print ( "IoT Hub responded to message with status: %s" ➡
% (result) )

def iothub_client_init():
    client = IoTHubClient(CONNECTION_STRING, PROTOCOL)
    return client

# 温度を読み込む関数
def adt7410():
    block = bus.read_i2c_block_data(0x48, 0x00, 2)
    data = (block[0] << 8 | block[1]) >> 3 # 13ビットデータ
    if (data >= 4096):  # 温度が正または0の場合
        data -= 8192
    temp = data * 0.0625
    return temp

# 関数を実行し繰り返す処理
try:
    client = iothub_client_init()
    while True:
        inputValue = adt7410()
        msg_txt_formatted = MSG_TXT % (inputValue)
        message = IoTHubMessage(msg_txt_formatted)
        client.send_event_async(message, send_confirmation_➡
callback, None)
```

5.4節でメモしたプライマリ接続文字列を入力

```
        time.sleep(1)

except KeyboardInterrupt:
    pass
```

5-6-2 保存されたデータを確認する

Storageに保存されたCSVファイルを確認します。

Azureのすべてのリソースから5.3節で作成したStorageを選択し、「コンテナー」(図5.32❶)、「コンテナーの名前」(ここでは「tempblob」)❷をクリックします。

図5.32 「tempblob」をクリック

CSVファイルをクリックして(図5.33❶)、「ダウンロード」をクリックし❷、「保存」をクリックすると❸、ダウンロードできます。ダウンロードしたファイルをダブルクリックすると❹、CSVファイルの内容を確認できます。温度が計測されていることがわかります。

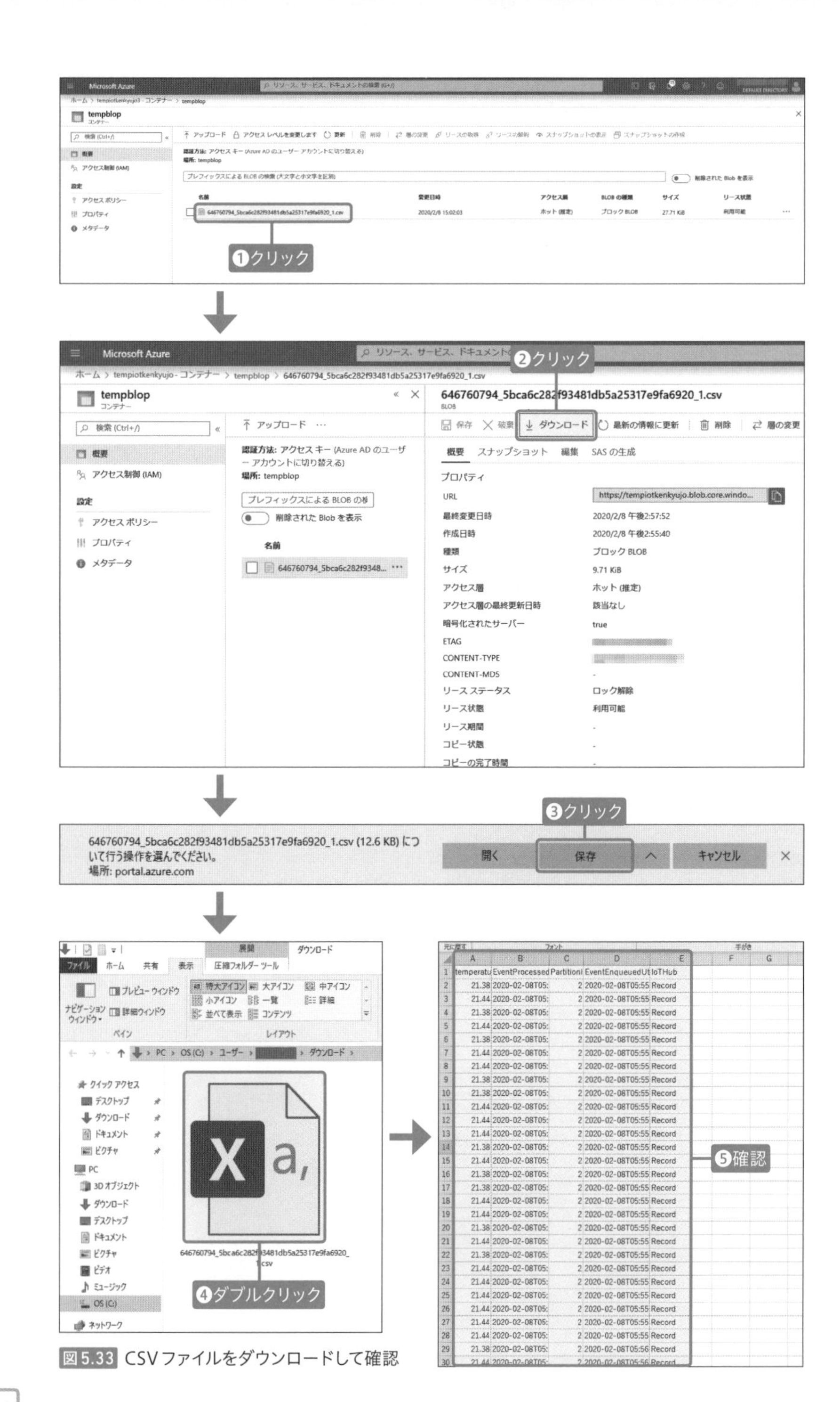

図5.33 CSVファイルをダウンロードして確認

第6章 IoTとデータの可視化

前章ではクラウドストレージにデータを保存しましたが、本章では保存したデータをグラフで表示します。最近ニーズの高い、データを可視化する方法について解説します。

6.1 IoTとデータ可視化

BIツールはビジネスの現場で、データを手軽に可視化できるツールとして非常に需要が高くなってきています。

本章では、可視化するBIツールとして「Power BI」を利用します。Power BIはAzureと同じくMicrosoft社が開発しているBIツールです。Azureと簡単に連携することができ、Azureに保存したデータを分析・視覚化することができます。

本章で作成するIoT × データ可視化 のシステム概要は図6.1のとおりです。

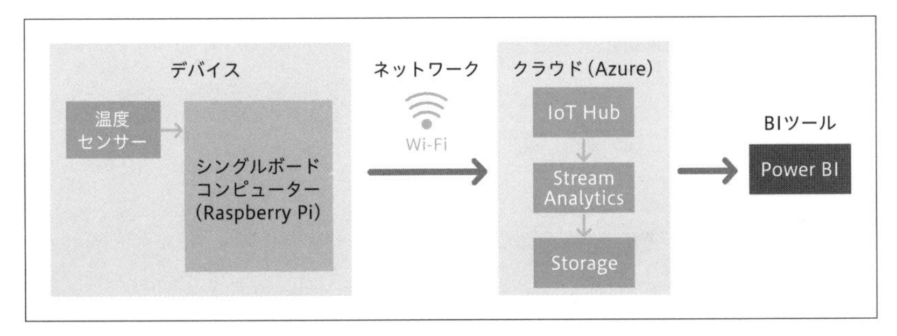

図6.1 第6章で作成するIoT× データ可視化 のシステム概要

6.2 Power BIの無料アカウントを作成

Power BIの無料アカウントを作成します。

6-2-1 Power BIの無料アカウントの作成

Power BIのサイトにアクセスし、「無料で開始する」をクリックします(図6.2)。

6

IoTとデータの可視化

図6.2 Power BIのサイト

URL https://powerbi.microsoft.com/ja-jp/

「無料使用版の開始」をクリックします。

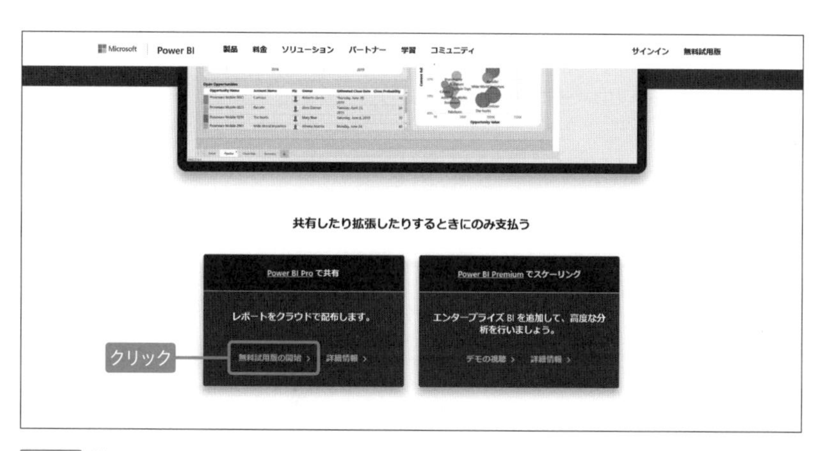

図6.3 「無料試用版の開始」をクリック

「はじめに」画面で、Azureを登録した時に利用した独自ドメインのあるメールアドレスを入力して（図6.4 ❶）、「サインアップ」をクリックします❷。なお、メールアドレスはGmailなどの個人メールアドレスは利用できません※1。

※1　会社等で使用しているような、独自ドメインのあるメールアドレスを利用してください。

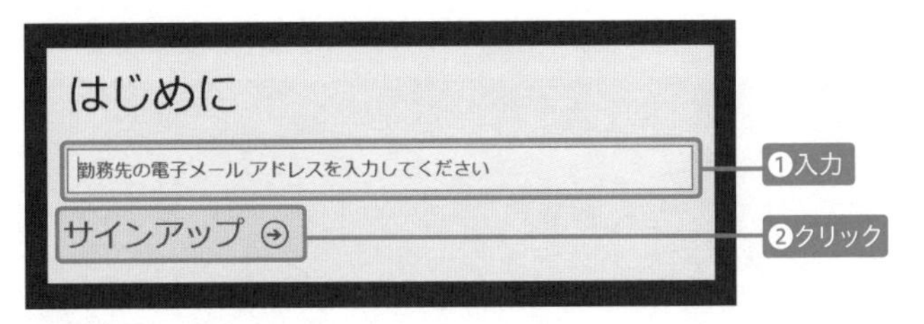

図6.4 メールアドレスを入力

「IDを検証します」画面で「自分にテキストメッセージを送信（SMS認証）」を選択して（図6.5 ❶）、電話番号を入力し❷、「自分にテキストメッセージを送信（SMS認証）」をクリックします❸。

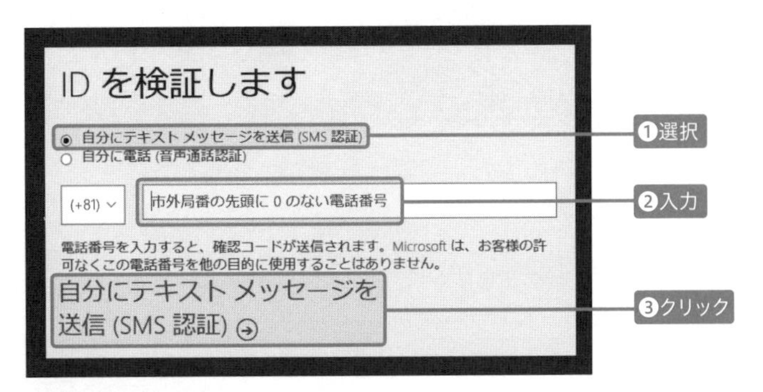

図6.5 電話番号を入力してSMS認証

「IDを検証します」画面で送られてきたSMSに書かれているコードを入力して（図6.6 ❶）、「サインアップ」をクリックします❷。

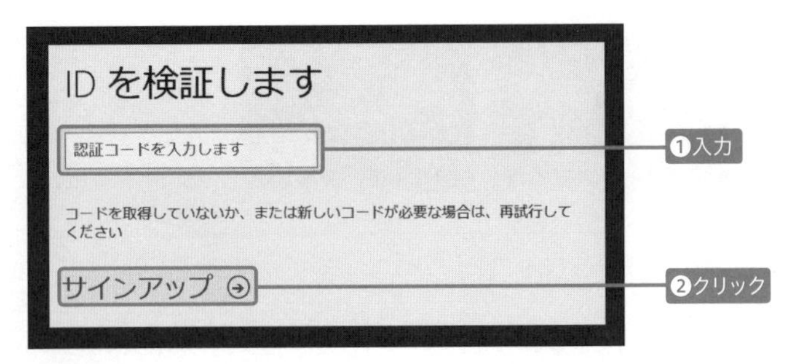

図6.6 認証コードを入力

「ご使用のメールアドレスは会社から取得したものですか？」画面で、「はい」をクリックします（図6.7）。

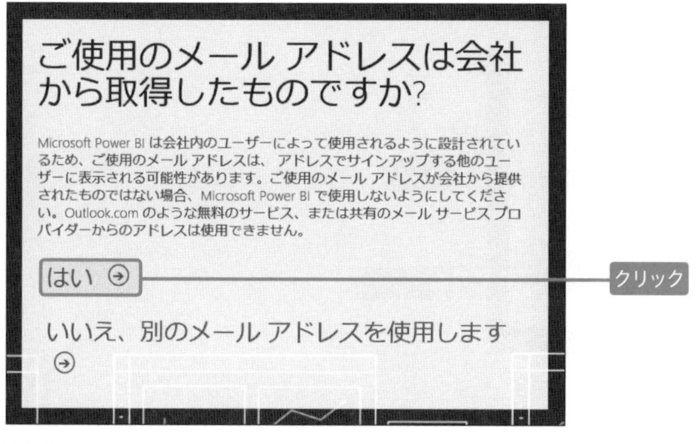

図6.7 メールアドレスの確認

「自分のアカウントの作成」画面で、必要な情報を入力し（図6.8 ❶～❹)、「開始」をクリックします❺。

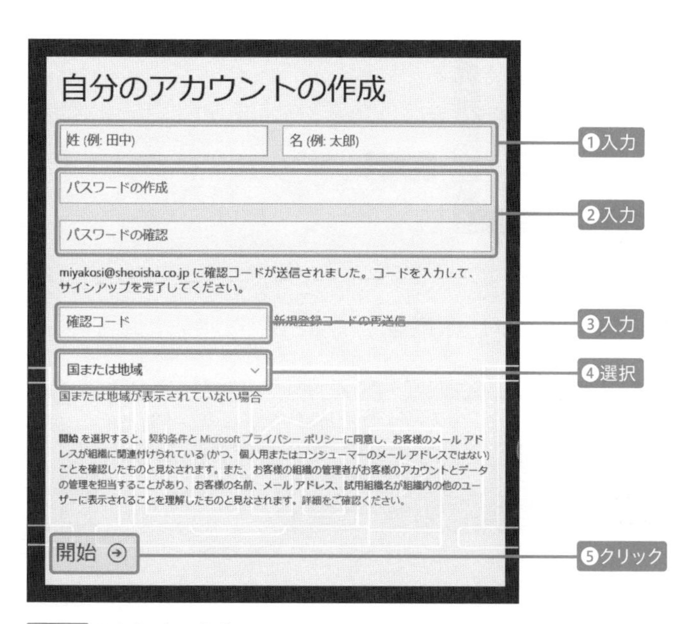

図6.8 アカウントの作成

Microsoft Azureからログアウトしている場合、Microsoftアカウントの画面が表示されるので、パスワードを入力して（図6.9 ❶)、「Sign in」をクリックします❷。

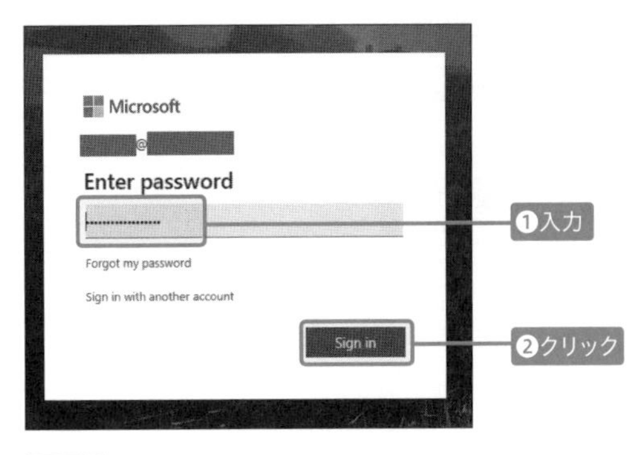

図6.9 Microsoftアカウント

「Stay signed in?」画面で、「Yes」をクリックします（図6.10）。

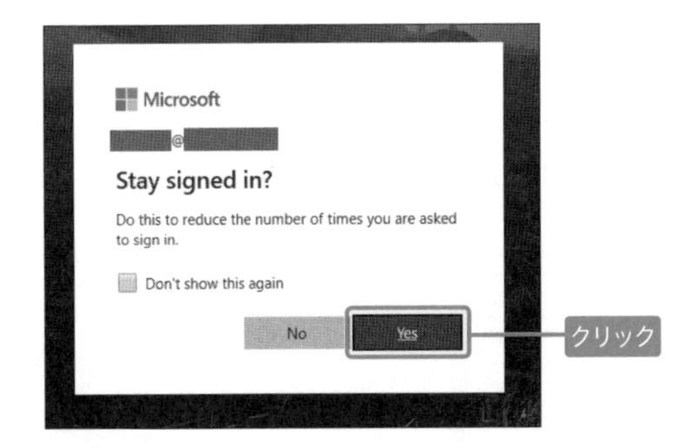

図6.10 「Stay signed in?」画面

Power BIの画面が表示されます（図6.11）。

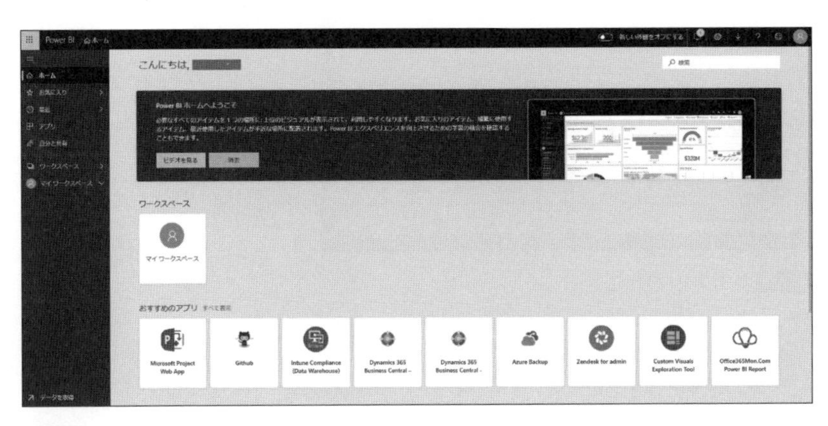

図6.11 Power BIの画面

6.3 Stream Analyticsの出力にPower BIを追加する

Stream Analyticsの出力にPower BIを追加します。

6-3-1 Stream Analyticsの設定

前章で作成したAzureのアカウントにアクセスしてログインします。すべてのリソースから前章で作成したStream Analyticsを選択します（図6.12❶）。

Stream Analyticsを編集するためには、一度Stream Analyticsを停止する必要があるため「概要」❷→「停止」❸をクリックします。「ストリーミング ジョブの停止」のダイアログで「はい」をクリックします❹。

図6.12 Stream Analyticsを停止

「出力」を選択して（図6.13❶）、「追加」をクリックし❷、「Power BI」を選択します❸。「Power BI」の新規出力で、「承認する」をクリックします❹。

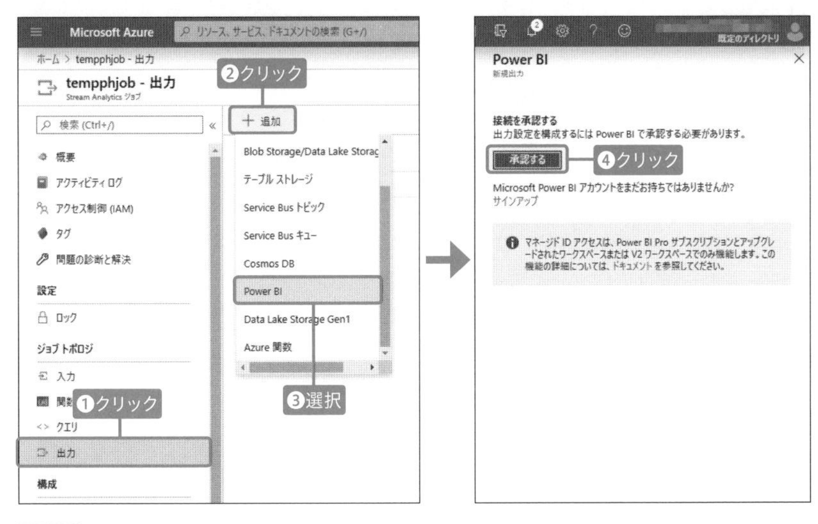

図6.13 Power BIの出力の設定

Microsoftアカウントにログインします（図6.14❶❷）。

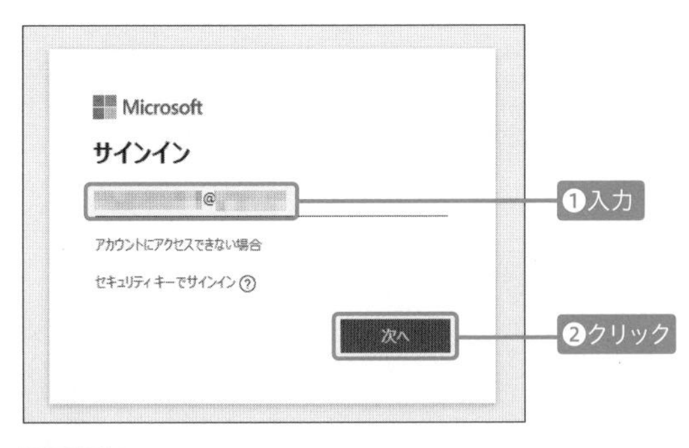

図6.14「サインイン」画面

承認の設定をします。「出力エイリアス」（図6.15❶）、「グループワークスペース」❷、「データセット名」❸、「テーブル名」❹に任意の名前を入力して、「認証モード」では「ユーザートークン」を選択して❺「保存」をクリックします❻。

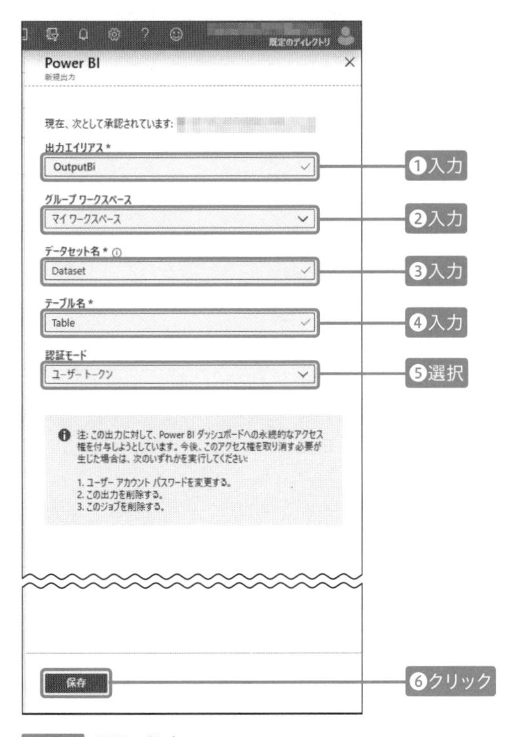

図6.15 承認の設定

出力が作成されます（図6.16）。

図6.16 作成した出力

「クエリ」をクリックして（図6.17❶）、リスト6.1のPower BIに関するコードを追加し❷「クエリの保存」をクリックします❸。

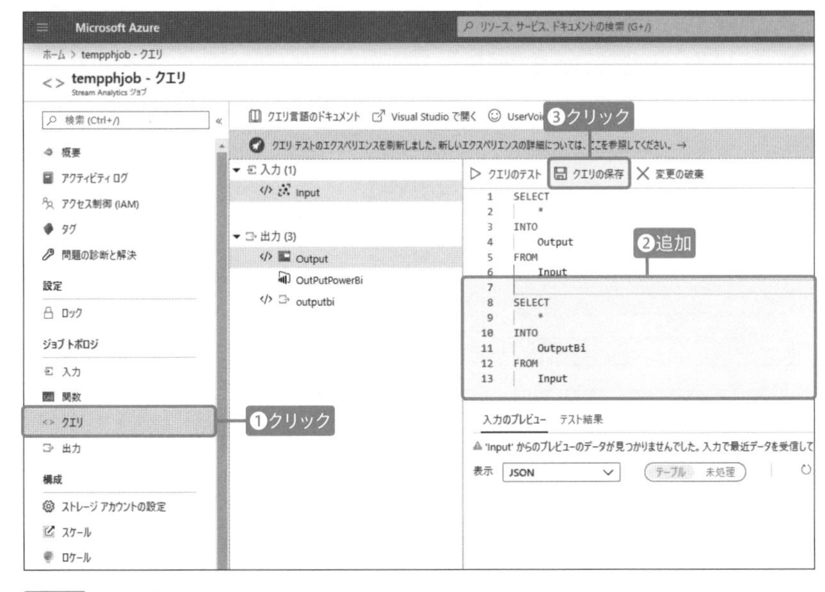

図6.17 クエリの追加

リスト6.1 Power BIに関するコードを追加

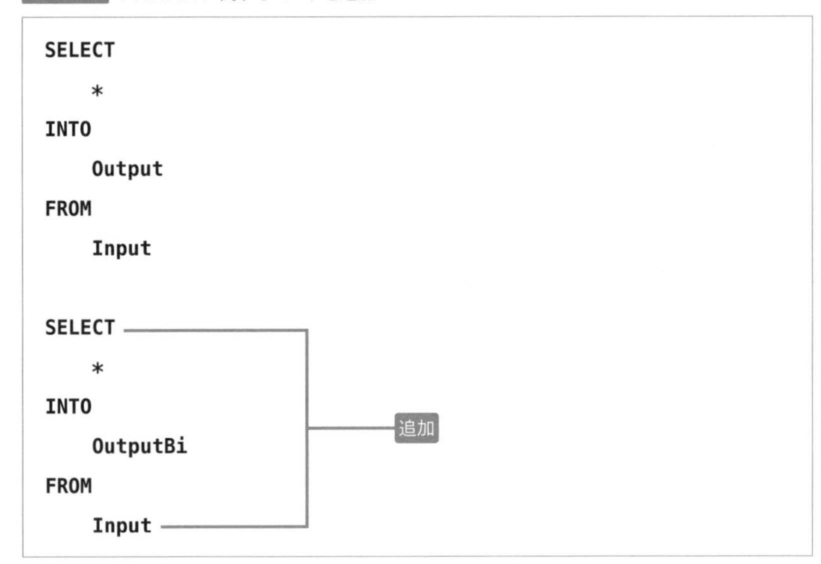

```
SELECT
    *
INTO
    Output
FROM
    Input

SELECT
    *
INTO
    OutputBi
FROM
    Input
```

「開始」（図6.18❶）→「開始」をクリックして❷、プログラムを実行します。

図6.18 「開始」をクリック

この後、Raspberry Piに戻り、第5章で作成したリスト5.2をThonny Python IDEで実行してください（手順と画面は割愛）。

6-3-2 Power BIでデータを確認する

Power BIのメニューから「マイワークスペース」を選択して（図6.19❶）、「データセット」をクリックし❷、「Dataset」※2の右にあるグラフのアイコンをクリックします❸。

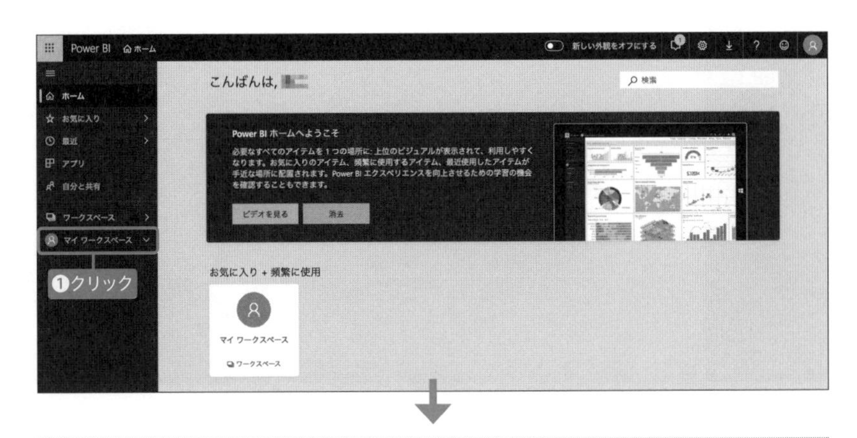

※2 6.3.1項のStream Analyticsの出力の設定時に入力したデータセット名になります。

図 6.19 グラフのアイコンをクリック

フィールドから「EventProcess」と「temperature」にチェックを入れ(図 6.20 ❶❷)、「視覚化」から折れ線のグラフをクリックします❸。データが折れ線グラフで可視化され、表示されます。

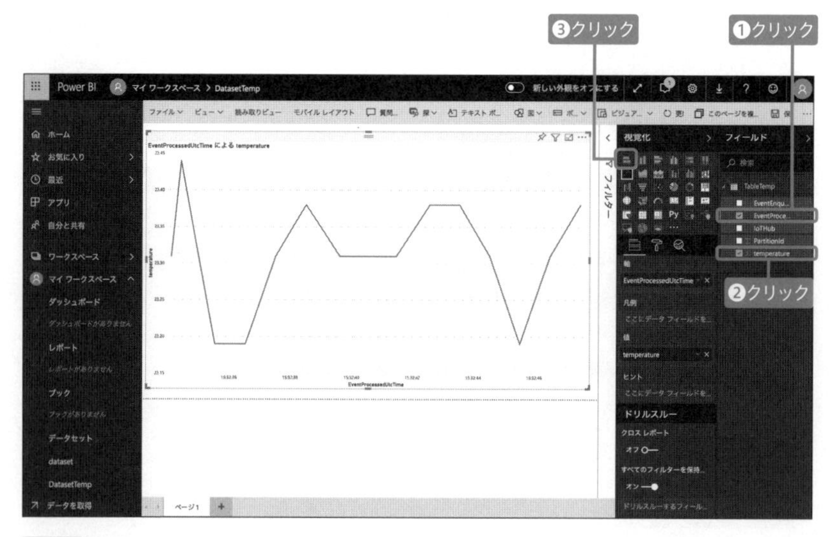

図 6.20 グラフのアイコンをクリック

第7章 IoTとアクチュエーターの遠隔操作

本章ではIoTを利用したアクチュエーターの遠隔操作について解説します。
Raspberry PiをWebサーバーとして動作させ、スマートフォンからRaspberry Piに接続したDCモーターを遠隔操作します。

7.1 IoTと遠隔操作

センサーデバイスから取得したデータを元にデータアクチュエーターを利用して遠隔操作を行うケースは、工場などで非常に需要が高くなってきています。

本章では、Raspberry PiをWebサーバーとして動作させることで、スマートフォンやタブレットからRaspberry Piに接続したDCモーターを遠隔操作します。

本章で作成するIoT × 遠隔操作 のシステム概要は 図7.1 のとおりです。

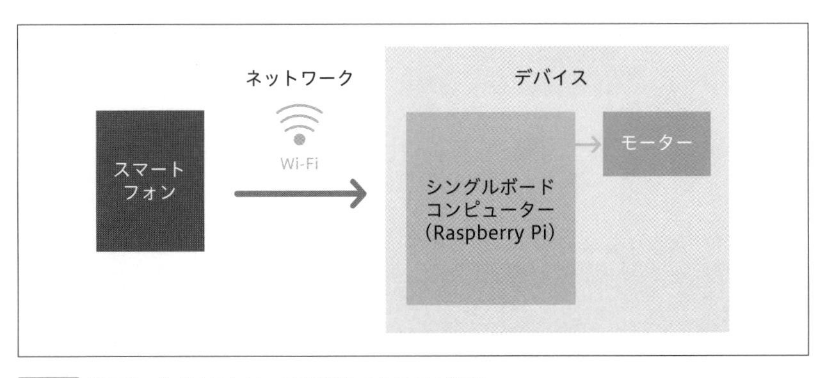

図7.1 第7章で作成するIoT × 遠隔操作 のシステム概要

7.2 本章で用意する各種デバイス

7-2-1 用意するデバイス

本章で用意するものは以下のデバイスです（図7.2）。

- モーター ドライバー　TB6643KQ
  URL http://akizukidenshi.com/catalog/g/gI-07688/
- DCモーター
  URL http://akizukidenshi.com/catalog/g/gP-06437/

- 電池ケース
  URL http://akizukidenshi.com/catalog/g/gP-06488/
- 単4形アルカリ乾電池（8本）
  URL http://akizukidenshi.com/catalog/g/gB-03807/

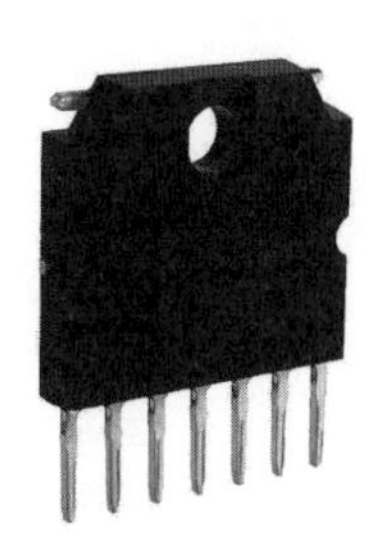

出典 株式会社秋月電子通商：「モータードライバー TB6643KQ」より引用
URL http://akizukidenshi.com/catalog/g/gI-07688/

出典 株式会社秋月電子通商：「DCモーター　FA－130RA－2270」より引用
URL http://akizukidenshi.com/catalog/g/gP-06437/

出典 株式会社秋月電子通商：「電池ボックス　単3×8本用（フタ付プラスチック・スイッチ付）」より引用
URL http://akizukidenshi.com/catalog/g/gP-06488/

出典 株式会社秋月電子通商：「単4形アルカリ乾電池 ゴールデンパワー製（4本入）」より引用
URL http://akizukidenshi.com/catalog/g/gB-03807/

図7.2 本章で必要なデバイス

 **MEMO**

プロペラの回転を確認する

モーターの先端にプロペラを付けておくと、モーターを回転させた時に正常に回転しているかどうか、確認できます。

7-2-2 配線図の完成イメージ

7.2.1項で紹介したデバイスを配置した配線図は 図7.3 のようになります。

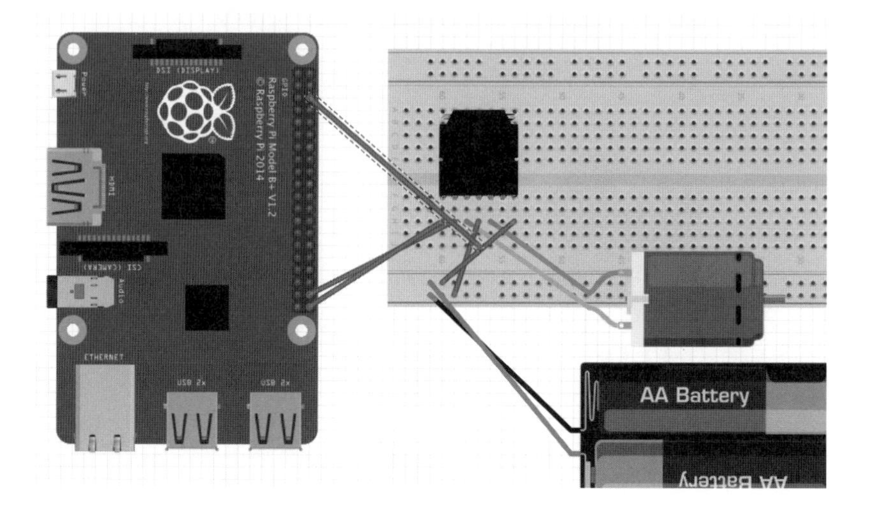

図7.3 配線図の完成イメージ

7-2-3 モータードライバーTB6643KQの使用方法

DCモーターを動かすためには大きな電流が必要です。そのため、DCモーターをそのままGPIOポートに接続すると、Raspberry Piの動作が不安定になります※1。

そこで、今回はモータードライバーTB6643KQを利用します。

モータードライバーTB6643KQを使うことで、DCモーターを直接GPIOに接続することなく制御することができます。また、IN1、IN2の2つの入力信号により、DCモーターを正転/逆転/ショートブレーキ/ストップの4つの制御ができます。

※1 直接モーターに接続すると、Raspberry Piを動作させるための電力が不足するため、別の電力が必要となります。別の電池から電力を取ってくるようにするにはモータードライバーを利用します。

TB6643KQには7本のピンがあり（図7.4）、それぞれの役割は表7.1のとおりです。

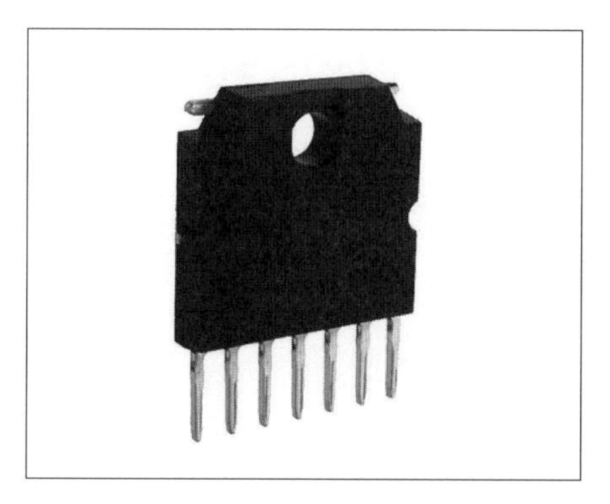

図7.4 TB6643KQの7本のピン

出典 株式会社秋月電子通商：「モータードライバー　TB6643KQ」より引用
URL http://akizukidenshi.com/catalog/g/gI-07688/

表7.1 TB6643KQの7本のピンの役割

端子番号	名称	端子説明
1	IN1	制御信号入力1端子（GPIO）
2	IN2	制御信号入力2端子（GPIO）
3	OUT1	出力端子1（DCモーター）
4	GND	GND端子（GND、電池-）
5	OUT2	出力端子2（DCモーター）
6	N.C.	接続なし
7	VM	電源電圧印加端子（電池+）

入力		出力		
IN1	IN2	OUT1	OUT2	モード
HIGH	HIGH	LOW	LOW	ショートブレーキ
LOW	HIGH	LOW	HIGH	正転/逆転
HIGH	LOW	HIGH	LOW	逆転/正転
LOW	LOW	OFF（ハイインピーダンス）		ストップ

7.3 モーターを取り付ける

ブレッドボードのF27～F21にモータードライバーを挿します※2（図7.5）。

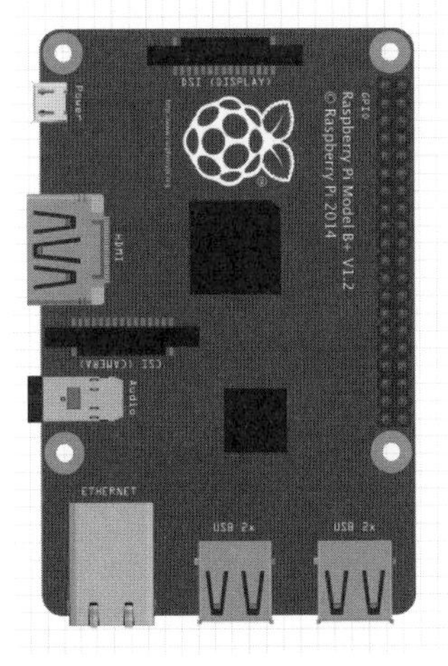

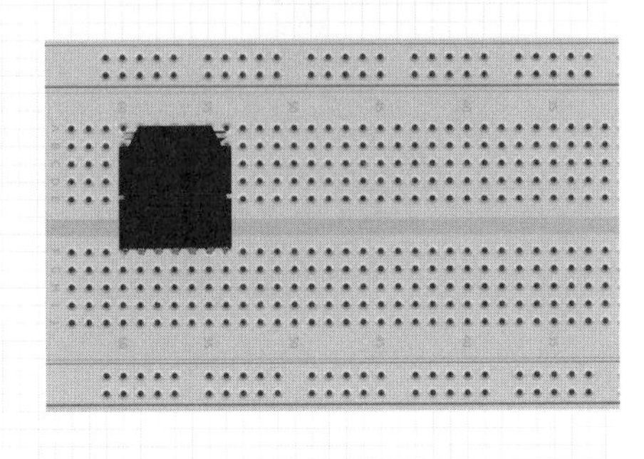

図7.5 モーターの取り付け①

GPIO20（38）とブレッドボードのH26をつなぎます（図7.6）。

図7.6 モーターの取り付け②

※2 型番が書かれている面の左端に「○」印があり、それが1番ピンです。

GPIO21（40）とブレッドボードのH27をつなぎます（図7.7）。

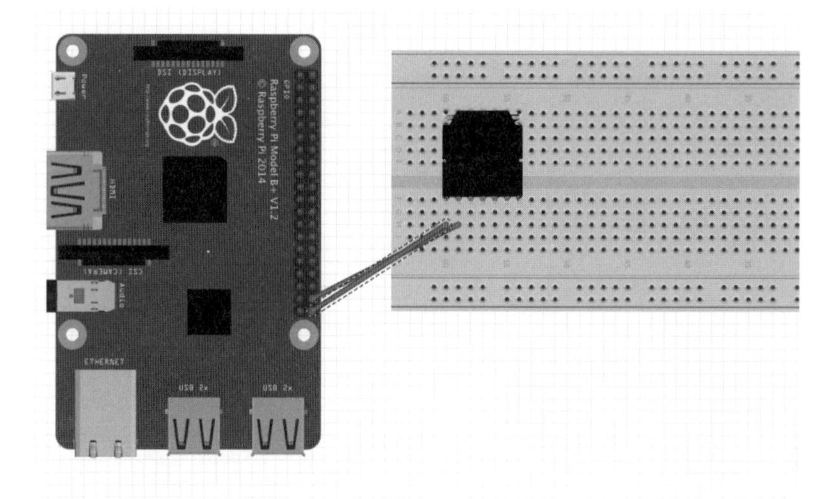

図7.7 モーターの取り付け③

DCモーターをブレッドボードのH25とH23に挿します（図7.8）。

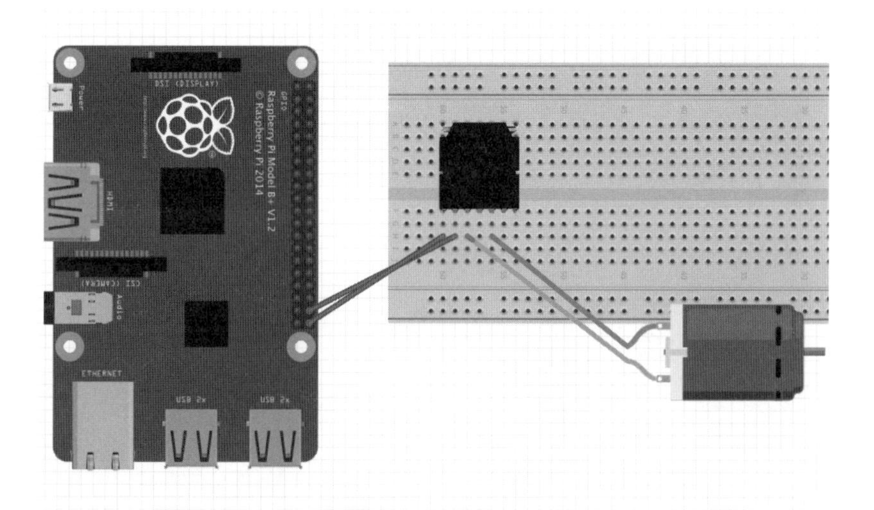

図7.8 モーターの取り付け④

バッテリーのプラス（赤線）をブレッドボードの「+」、マイナス（黒線）をブレッドボードの「-」に挿します（図7.9）。

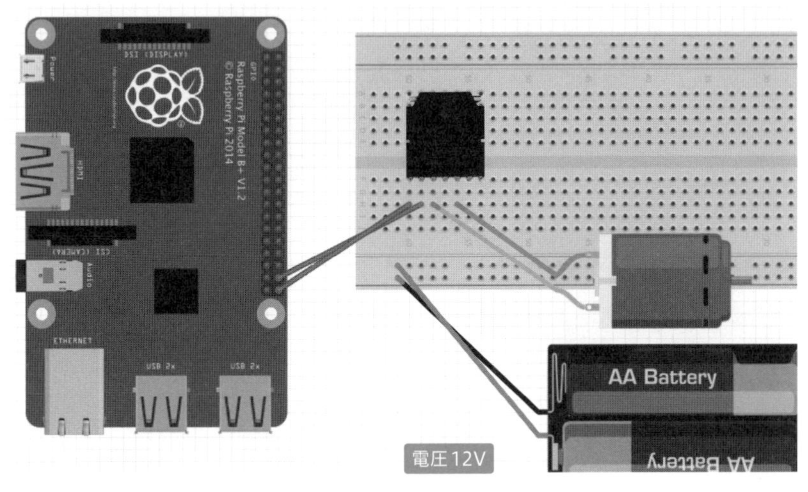

図7.9 モーターの取り付け⑤

ブレッドボードの「-」とH24をつなぎます（図7.10）。

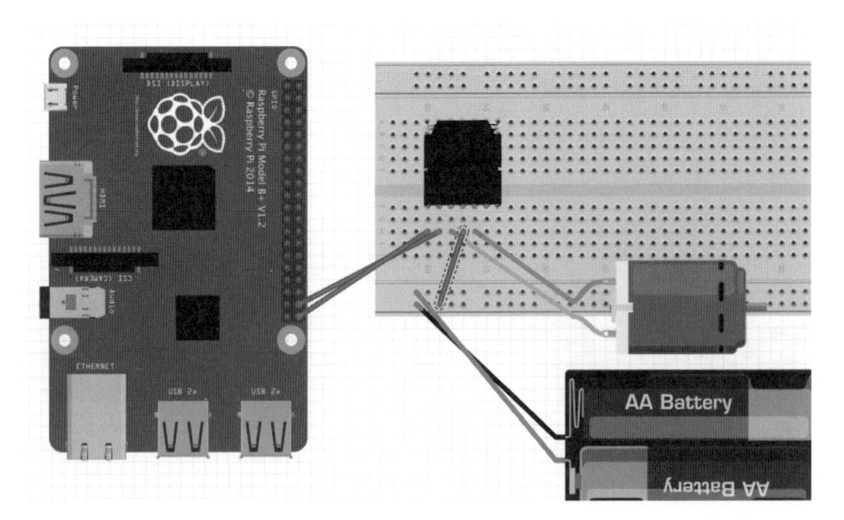

図7.10 モーターの取り付け⑥

ブレッドボードの「+」とH21をつなぎます（図7.11）。

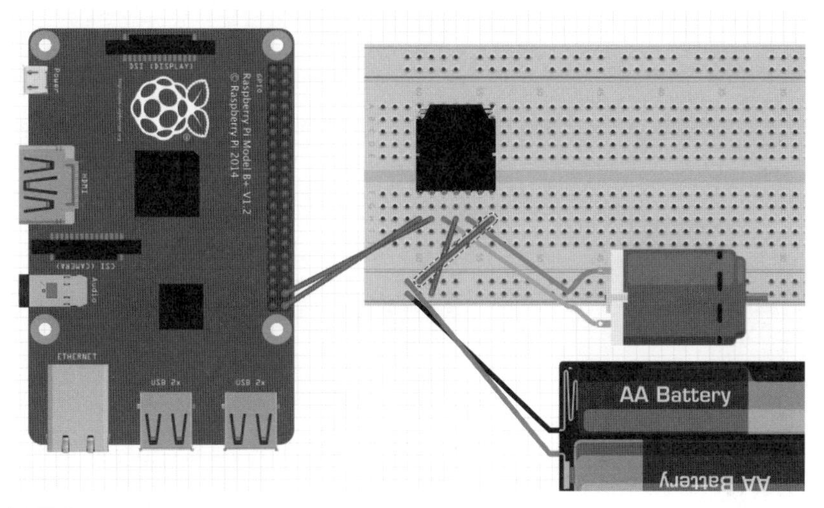

図7.11 モーターの取り付け⑦

GPIOポートのGND（6）とJ24をつないで完成です（図7.12）。

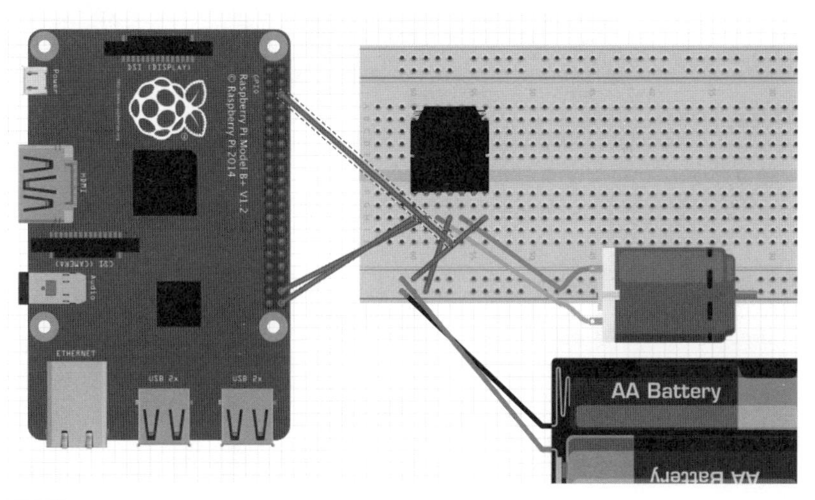

図7.12 モーターの取り付け⑧

7.4 モーターを操作するプログラムを作成する

デスクトップ左上のRaspberry Piのアイコンをクリックし（図7.13 ❶）、メニューの中から「プログラミング」❷→「Thonny Python IDE」❸を選択します。

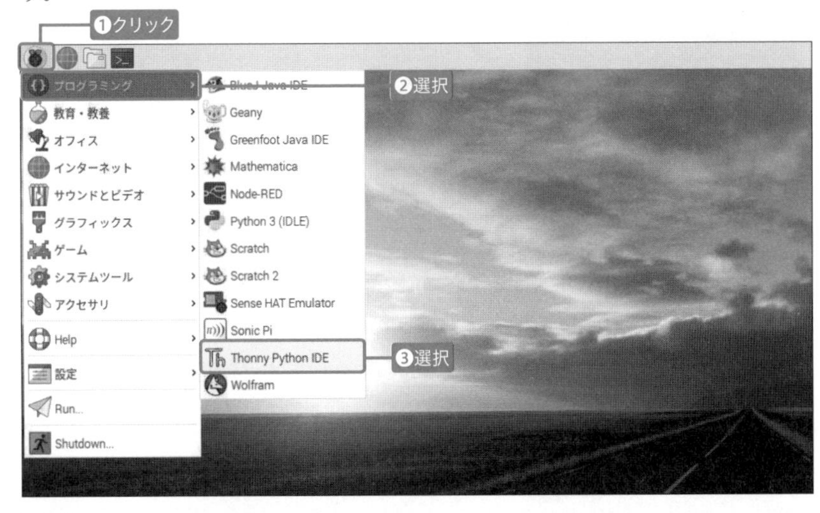

図7.13「Thonny Python IDE」を選択

それではプログラムを記述していきます。

まずは必要なライブラリをインポートするコードを記述します（リスト7.1）。

リスト7.1 ライブラリのインポート

```
import RPi.GPIO as GPIO
from time import sleep
```

続いてGPIOの初期設定を行うコードを記述します（リスト7.2）。

リスト7.2 GPIOの初期設定

```
GPIO.setmode(GPIO.BCM) # ピン番号ではなくGPIOの番号で指定
GPIO.setup(20, GPIO.OUT) # GPIO 20を出力として指定
GPIO.setup(21, GPIO.OUT) # GPIO 21を出力として指定
```

モーターを回転させるためGPIOピンのHighとLowを切り替える繰り返し処理を記述します（リスト7.3）。

リスト7.3 HighとLowを切り替える繰り返し処理

```
try:
   while True:
       GPIO.output(20, GPIO.HIGH) #GPIO 20をHIGHに変更
       sleep(5.0) # 5秒回転
       GPIO.output(20, GPIO.LOW) #GPIO 20をLOWに変更
       sleep(5.0) # 5秒停止
       GPIO.output(21, GPIO.HIGH) #GPIO 21をHIGHに変更
       sleep(5.0) # 5秒回転
       GPIO.output(21, GPIO.LOW) #GPIO 21をLOWに変更
       sleep(5.0) # 5秒停止

except KeyboardInterrupt:
    pass

GPIO.cleanup()
```

プログラムファイルを保存して（ここでは「chapter7」）、「Run」（再生マークのボタン）をクリックすると、モーターが5秒ごとに、「正回転」→「停止」→「逆回転」→「停止」を繰り返します。[Ctrl] + [C] キーで停止します。

全体のコードはリスト7.4のとおりです。

リスト7.4 ソースコード全体

```
mport RPi.GPIO as GPIO
from time import sleep


# 初期化
GPIO.setmode(GPIO.BCM)  # ピン番号ではなくGPIOの番号で指定
GPIO.setup(20, GPIO.OUT) # GPIO 20を出力として指定
GPIO.setup(21, GPIO.OUT) # GPIO 21を出力として指定
```

```
# 繰り返し処理
try:
    while True:
        GPIO.output(20, GPIO.HIGH) # GPIO 20をHIGHに変更
        sleep(5.0) # 5秒回転
        GPIO.output(20, GPIO.LOW)  # GPIO 20をLOWに変更
        sleep(5.0) # 5秒停止
        GPIO.output(21, GPIO.HIGH) # GPIO 21をHIGHに変更
        sleep(5.0) # 5秒回転
        GPIO.output(21, GPIO.LOW)  # GPIO 21をLOWに変更
        sleep(5.0) # 5秒停止

except KeyboardInterrupt:
    pass

# GPIOをリセット
GPIO.cleanup()
```


7.5 WebIOPIをインストールする

WebIOPIを利用すると、Raspberry PiをWebサーバーとして動作させることができ、Webブラウザを通してGPIOを操作することが可能になります。

ここでは、このWebIOPIをインストールして、モーターを遠隔操作してみます。

まずRaspberry Pi上で、「The Raspberry Pi Internet of Things Toolkit」のサイトにアクセスし「Download」をクリックします（図7.14）。

- The Raspberry Pi Internet of Things Toolkit - Now in two flavors
  URL http://webiopi.trouch.com/

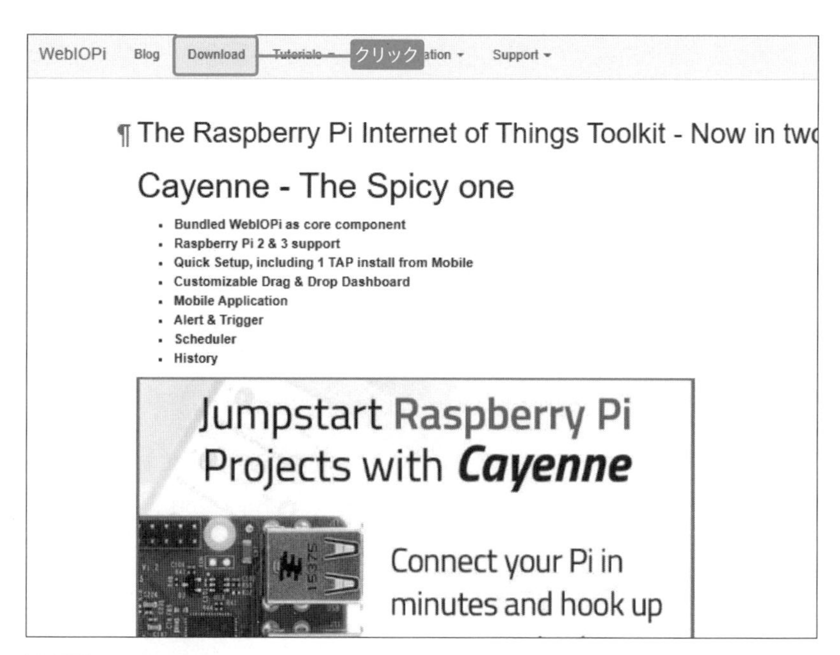

図7.14 「Download」をクリック

最新のバージョンをダウンロードします（図7.15）。本書では「WebIOPi-0.7.1.tar.gz」を利用しています。

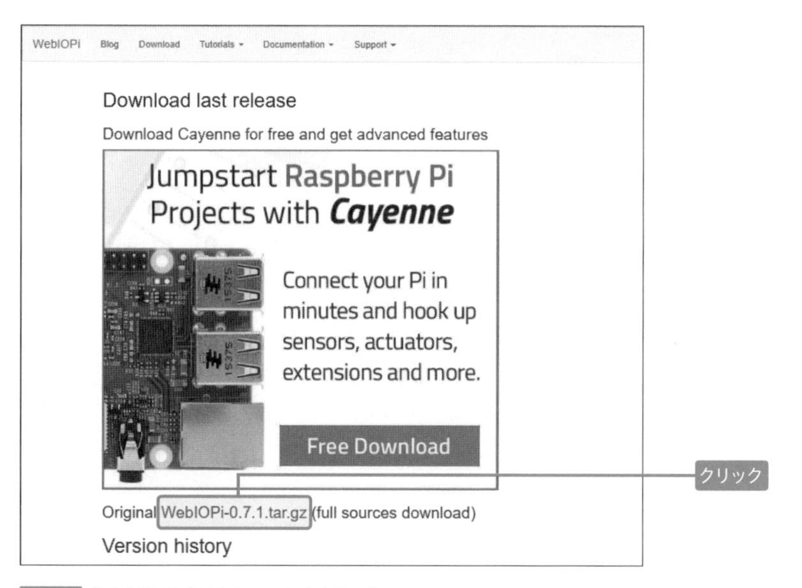

図7.15 「WebIOPi-0.7.1.tar.gz」をクリック

ブラウザの左下にある下矢印（ ⌄ ）をクリックし（図7.16 ❶）、「フォルダを開く」を選択します❷。

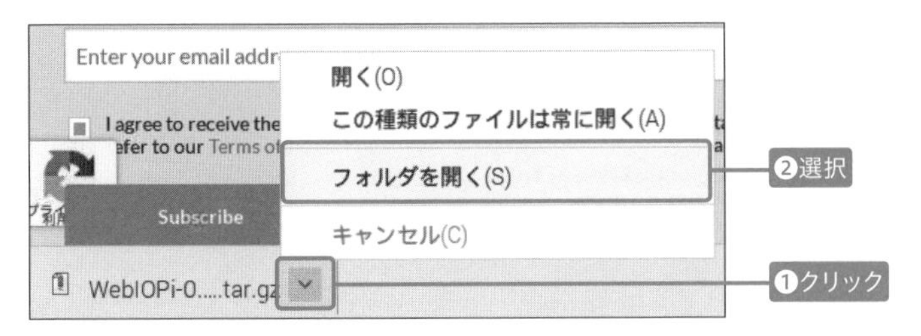

図7.16 「フォルダを開く」を選択

ダウンロードしたファイルを右クリックして（図7.17 ❶）、「指定先にファイルを展開」を選択します❷。

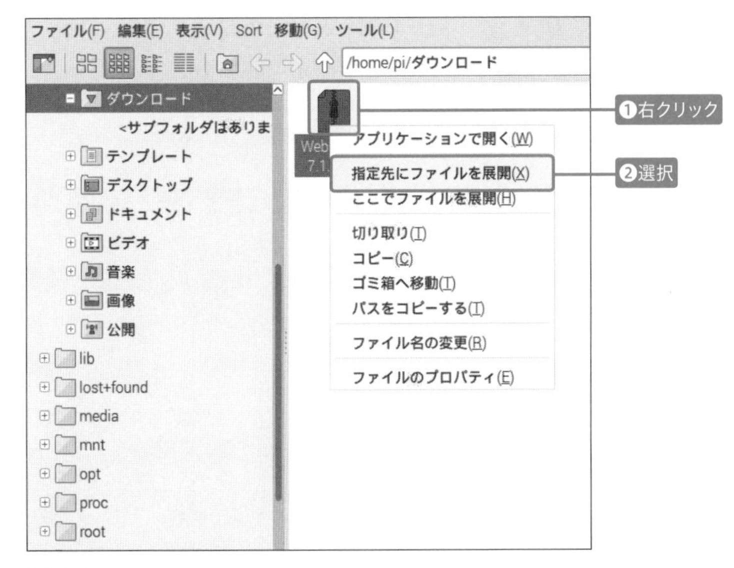

図7.17 ダウンロードしたファイルを展開する

「ファイルを展開します」画面で、展開先として「/home/pi/」と指定して（図7.18 ❶）、「展開」をクリックします❷。

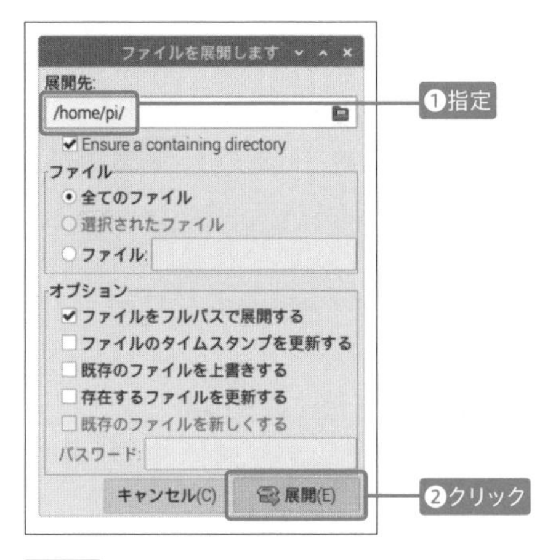

図7.18 「ファイルを展開する」画面

WebIOPIをインストールします（インストールウィザードなどは割愛）。

展開したら、ターミナルで以下のコマンドを実行して、/home/pi/WebIOPi-0.7.1/に移動します。

● ターミナル

```
$ cd WebIOPi-0.7.1/
```

以下のコマンドを実行してGPIOの表示を修正するパッチファイルをダウンロードします。

● ターミナル

```
$ wget https://raw.githubusercontent.com/doublebind/raspi/➡
master/webiopi-pi2bplus.patch
```

以下のコマンドを実行して、ブラウザで表示するGPIOの表示を修正するパッチを適用します。

● ターミナル

```
$ patch -p1 -i webiopi-pi2bplus.patch
```

パッチを適用したら、以下のコマンドを実行して、管理者権限でインストーラーを起動してください。

● ターミナル

```
$ sudo ./setup.sh ●─[Enter] キーを押す
Do you want to access WebIOPi over Internet ? [y/n]●─[Y] キーを押す

WebIOPi successfully installed
* To start WebIOPi foreground        : sudo webiopi [-h] ➡
[-c config] [-l log] [-s script] [-d] [port]

* To start WebIOPi background        : sudo /etc/init.d/➡
webiopi start
* To start WebIOPi at boot        : sudo update-rc.d ➡
webiopi defaults

* Weaved IoT Kit installed, log on http://developer.weaved.➡
com to access your device

* Look in /home/pi/WebIOPi-0.7.1/examples for Python ➡
library usage examples
```

以上でWebIOPIのインストールは完了です。

ATTENTION

インストールに要する時間

インターネットの環境によっては10分以上インストールに時間がかかることがあります。

7.6 WebIOPIでモーターを遠隔操作する

7.5節でインストールしたWebIOPIを利用して、モーターを遠隔操作しましょう。

WebIOPIを利用するためには、WebIOPIをサーバーとしてバックグラウンドで動かしておく必要があります。

WebIOPIを起動してログインする

まずターミナルに以下のコマンドを入力しWebIOPIを起動します。

● ターミナル

```
$ sudo /etc/init.d/webiopi start
```

WebIOPIをRaspberry PiでWebサーバーとして起動できたら、そこにアクセスします。

パソコンのブラウザに以下のURLを入力してアクセスします。

● [ブラウザに入力するアドレスの形式]

```
http://Raspberry PiのIPアドレス:8000/app/gpio-header
```

Raspberry PiのIPアドレスの調べ方は3.6.3項を参照してください。

● [ブラウザに入力するアドレス例]

```
http://192.168.xxx.x:8000/app/gpio-header
```

調べたIPアドレスに設定

アクセスにはユーザー名とパスワードが必要になりますので以下のユーザー名とパスワードを入力します※3。

ユーザー名：webiopi
パスワード：raspberry

※3　ユーザー名、パスワードはWebiopiの初期設定となります。

GPIOポートを変更する

すると図7.19のGPIOポートが表示されます。GPIO 20とGPIO 21の横にある「IN」をクリックして「OUT」に変更します（❶→❷、❸→❹）。

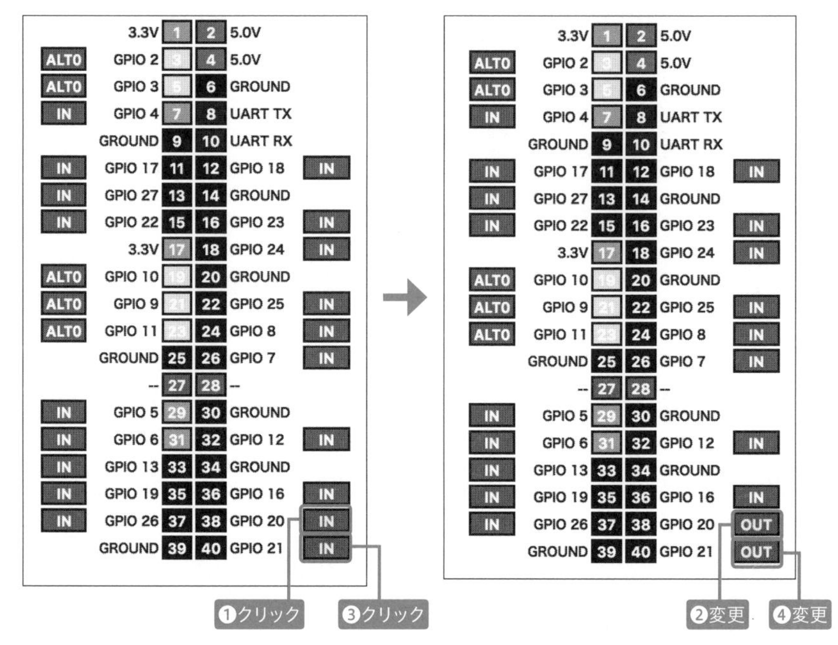

図7.19 GPIOポートのINとOUTの変更

スマートフォンでモーターを動かす

実際にスマートフォンからブラウザでアクセスして、モーターを動かしてみましょう。GPIO20とGPIO21の横にある「38」や「40」をクリックしLowからHighに切り替えます。すると「正回転」→「停止」→「逆回転」→「停止」といった動作を行うと思います。

このように、WebIOPIを利用することで、Webブラウザからモーターを制御することができるようになります。そのため、外出先でもネットワークがつながっていれば、スマートフォンやタブレットで制御できるようになります。

ここではDCモーターを制御しましたが、角度を制御できるステップモーターなどを使うことで、IoTシステムを用いてロボットなどを遠隔操作することも可能となります。

第8章 IoTとAI

本章ではAIを活用したIoTシステムの構築方法について解説します。Raspberry Piとカメラを利用して不審者を検知するAIセキュリティカメラを作成します。

8.1 IoTと機械学習

機械学習を利用したIoTシステムを構築します。

具体的には、不審者を検知した際にアラートを出すAIを利用したセキュリティカメラを作成していきます。

本章で作成するIoT × AIのシステム概要は 図8.1 のとおりです。

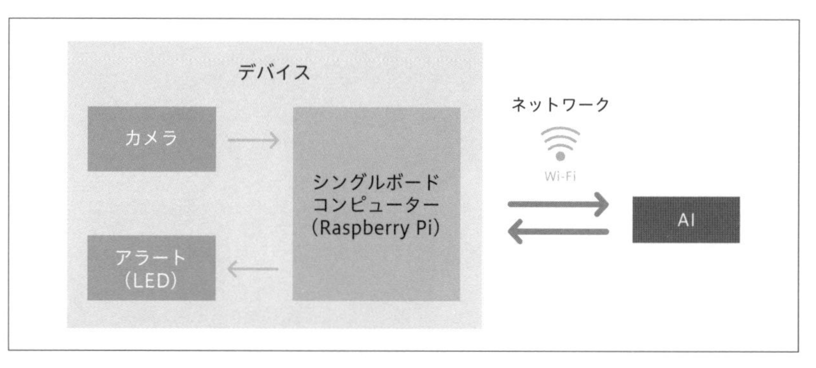

図8.1 第8章で作成するIoT × AIのシステム概要

8.2 AIと機械学習

8-2-1 AIとは

人工知能（AI）とは、「人工的にコンピューター上などで人間と同様の知能を実現したもの」と定義されています。

人工知能も私たちと同じように学習しなければなりません。例えば、クレジットや融資の審査を行おうとした時に年収や職業などから審査をしますが、審査のためには専門知識が必要です。私たち人間はこういった知識を蓄える時、勉強（学習）をします。年収が300万円以上かつ正社員なら審査OKで、借金があったらNGなど、分厚い参考書を読みながら勉強します。

それでは、人工知能はどのようにして学習するのでしょうか？

8-2-2 機械学習とは

人工知能は機械学習をすることで、予測ができるようになります。

機械学習は、与えられたデータの中から規則性（特徴）や判断基準を見つけ出し、予測される結果を見つけ出す技術です。

AI（人工知能）の研究分野の多くで機械学習が使用されています。

機械学習は、例えば何通ものメールの中に含まれているスパムメールを探し出したり、携帯電話などに搭載された発音の識別処理をしたり、自動運転などにも利用されています。

それでは、機械学習の流れを「サル」の写真と「人間」の写真を判断してどちらかを予測する例を基に解説します。

最初に、「サル」の写真と「人間」の写真を大量に学習させ、それぞれの「特徴量」を抽出します（図8.2）。

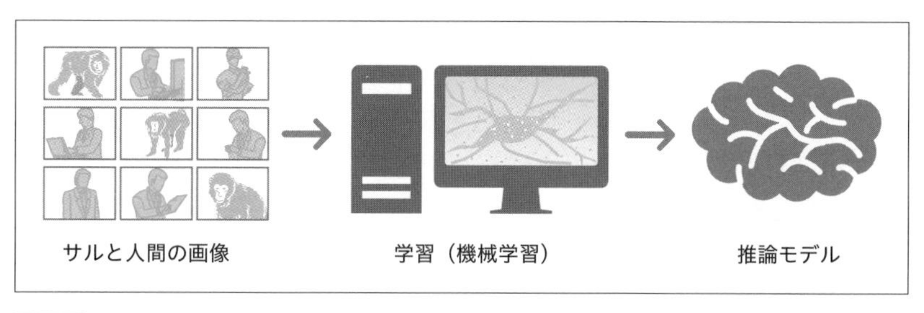

図8.2 機械学習のイメージ

次に、学習の結果を用いて判断を行いますが、この元になるものを「推論モデル」や「学習済みモデル」といいます。そして、「人間」と「サル」の様々な写真を推論モデルに当てはめてどれが「サル」であるかを判断していきます（図8.3）。

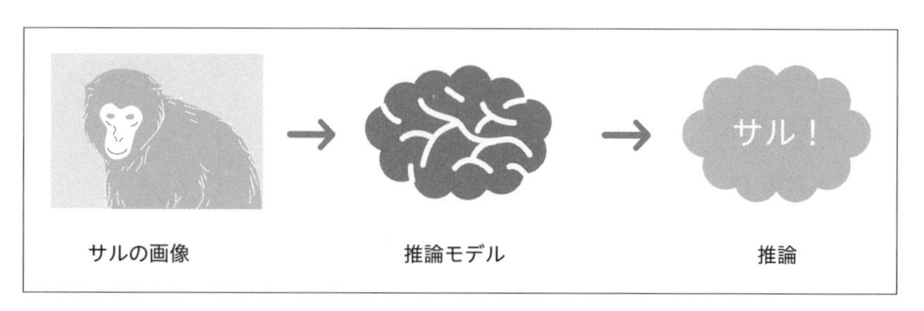

図8.3 推論のプロセス

このように「機械学習」と「推論モデル」により、大量のデータ（いわゆるビッグデータ）から共通する情報を抽出し、予測や判断を行うことができます。

それでは、実際にAIを用いたセキュリティカメラを作成していきます。

8.3 本章で用意するデバイス

8-3-1 用意するデバイス

本章では、Raspberry Pi用カメラモジュールを利用します（図8.4）。

- Raspberry Pi用カメラモジュール
  URL https://www.switch-science.com/catalog/2713/

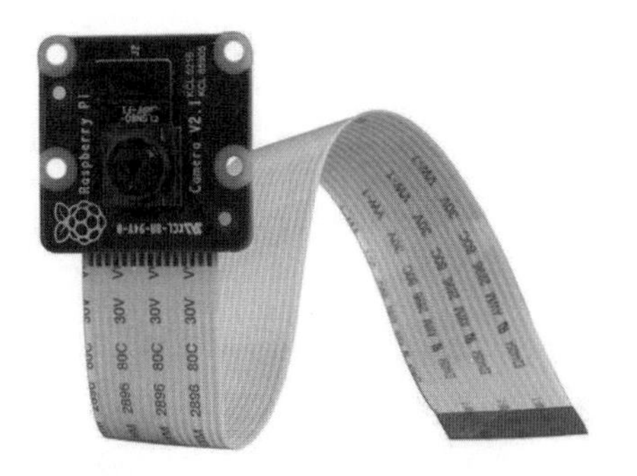

図8.4 本章で必要なデバイス

出典 株式会社スイッチサイエンス：「Raspberry Pi カメラモジュール V2」より引用
URL https://www.switch-science.com/catalog/2713/

8-3-2 配線図の完成イメージ

8.3.1項で紹介したデバイスを配置した配線図は図8.5のようになります。

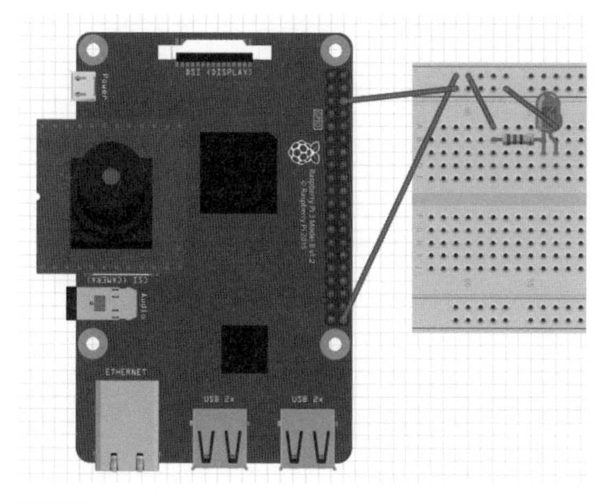

図8.5 配線図の完成イメージ

8.4 カメラを取り付ける

カメラを取り付けます。最初にRaspberry Piの電源を落とします。次にカメラ用フラットケーブルコネクタの黒いカバー[※1]を外します（図8.6 ❶）。

次にカメラのケーブルを取り付けます。その際、ケーブルの表裏を間違えないようにご注意ください。図8.6の手前側に、ケーブルの端のメッキ部分がくるように接続します❷。接続したらRaspberry Piを起動してください。

図8.6 カメラの取り付け

※1 Raspberry Piの機種によってはカバーの色がオレンジ色など、変わる場合があります。

8.5 Raspberry Pi側でカメラを有効にする

続いてRaspberry Piの設定でカメラを有効にします。デスクトップ左上のRaspberry Piのアイコンをクリックし（図8.7 ❶）、メニューの中から「設定」❷→「Raspberry Piの設定」❸を選択します。

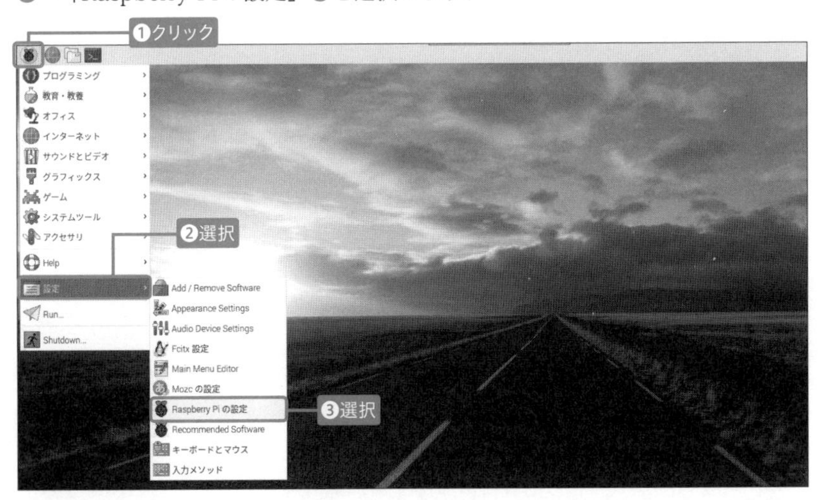

図8.7 「Raspberry Piの設定」を選択

「インターフェイス」タブの「カメラ」※2を「有効」にして（図8.8 ❶）、「OK」をクリックします❷。

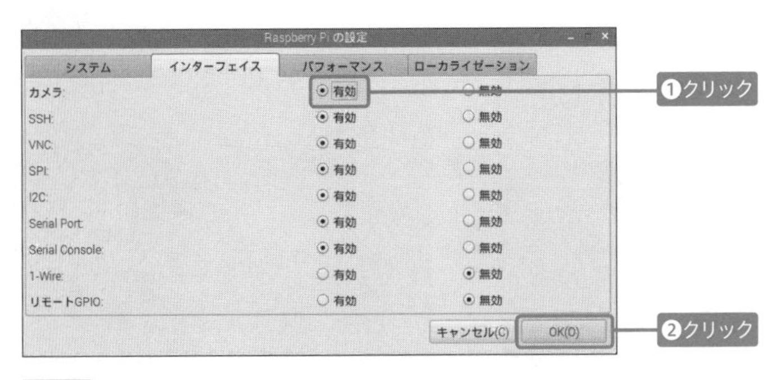

図8.8 「Raspberry Piの設定」→「インターフェイス」の設定画面

※2 「カメラ」が表示されてない場合は、接続不良の可能性があります。カメラの接続を確認してください。

「再起動が必要です」画面が表示されるので「はい」をクリックして（図8.9）、再起動します。

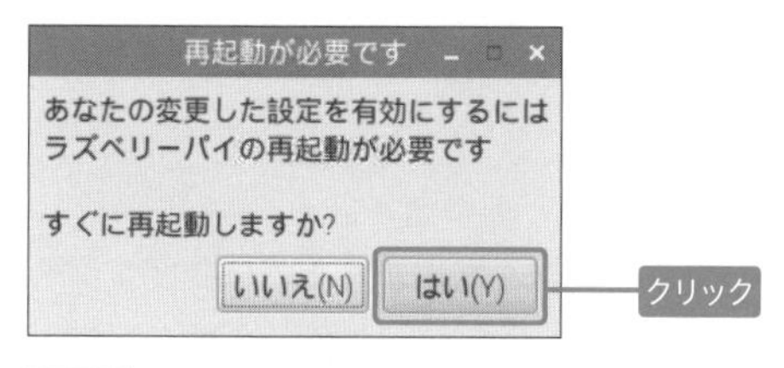

図8.9 「再起動が必要です」画面

8.6 OpenCVをインストールする

まずは、カメラから映像を取得するために、画像処理用ライブラリである「OpenCV」をインストールします。

OpenCVは、画像処理・構造解析・パターン認識などといった、画像や動画処理をするのに役立つ様々な機能をサポートするオープンソースのライブラリです。

OpenCVでできること

OpenCVでできることは、以下のとおりです。

- 画像の読み込み
- 画像の表示
- 画像の作成・保存
- 画素へアクセス（読み込み）
- トリミング（切り抜き）
- 画像のリサイズ
- 画像の重ね合わせ
- 画像の回転
- 画像の上下反転
- 画像の左右反転
- グレースケール変換／RGB色空間
- HSV色空間
- 色チャンネル分解／減色処理
- モザイク処理
- マスク処理
- 2枚の画像を合成
- 背景色の変更
- 図形の描画
- 文字の描画
- ノイズ除去／平滑化
- ぼかしフィルタ
- 膨張収縮フィルタ

- メディアンフィルタ
- ガウシアンフィルタ／顔検出
- アニメ顔検出
- 人物検出
- 物体検出
- テンプレートマッチング
- 面積の計算
- 重心の計算

それではRaspberry PiにOpenCVをインストールします。

ターミナルに以下のコマンド入力し、OpenCVを利用するために必要なライブラリをインストールします（コマンド実行中に［Y］キー入力が必要になる）。

● ターミナル

```
$ sudo apt-get install libhdf5-dev libhdf5-serial-dev ➡
libhdf5-100 libqtgui4 libqtwebkit4 libqt4-test python3-pyqt5 ➡
libatlas-base-dev libjasper-dev
```

続いて、ターミナルに以下のコマンドを入力して、OpenCVをインストールします。

● ターミナル

```
$ sudo pip3 install opencv-python
```

MEMO

ライブラリが正常にインストールされない場合

正常にライブラリがインストールされない場合は、パッケージがアップデートされていない可能性があるため、以下のコマンドを実行してください。

● ターミナル

```
$ sudo apt-get update
```

以上でOpenCVのインストールは完了です。

8-6-1 OpenCVを使って顔検出するプログラムを作成する

セキュリティカメラを作成する前に、OpenCVのプログラムに慣れていただくため、OpenCVを使った人の顔を検出するプログラムを作成します（図8.10）。

図8.10 本章で作成したプログラムで顔検出をしているところ

出典 フリー写真素材【写真AC】※3
URL https://www.photo-ac.com/main/detail/506744

顔検出をしたい画像をダウンロード

まずは、顔検出をしたい画像をダウンロードします。Raspberry Piのブラウザを開いて、インターネット上から人の顔が映った画像を保存してください。

後ほど、プログラムで画像のファイルパスとファイル名を指定するため、あらかじめRaspberry Piのデスクトップに「opencv」というフォルダを作成して、そこに保存してください。画像のファイル名「face.jpg」に変更して保存します。

※3 フリー写真素材【写真AC】から写真をダウンロードするには事前に登録が必要です。サンプルには含まれていませんので、ご自身でダウンロードしてください。

プログラムを記述する

プログラムを記述していきます。まずは必要なライブラリをインポートします（リスト8.1）。

リスト8.1 ライブラリのインポート

```
import cv2
```

次に画像を読み込みます（リスト8.2）。

リスト8.2 画像の読み込み

```
image = cv2.imread("/home/pi/デスクトップ/opencv/face.jpg")
```

ATTENTION

画像ファイルの保存先

上記で指定したファイルパスの「pi」はRaspberry Piのユーザー名となります。「pi」からユーザー名を変更している場合はそのユーザー名を記載してください。

カスケードファイルを指定する

カスケードファイルを指定します。カスケードファイルとは学習済みの分類器で、これを使うことで人の顔や物体などを認識することができます。

カスケードファイルは以下のページよりダウンロードできます。

- opencv
  URL https://github.com/opencv/opencv/tree/master/data/haarcascades

顔認識以外でも様々なカスケードファイルがあらかじめ用意されています（表8.1）。

表8.1 カスケードファイル

ファイル名	内容
haarcascade_eye.xml	目
haarcascade_eye_tree_eyeglasses.xml	眼鏡
haarcascade_frontalcatface.xml	猫の顔（正面）
haarcascade_frontalcatface_extended.xml	猫の顔（正面）
haarcascade_frontalface_alt.xml	顔（正面）
haarcascade_frontalface_alt_tree.xml	顔（正面）
haarcascade_frontalface_default.xml	顔（正面）
haarcascade_fullbody.xml	全身
haarcascade_lefteye_2splits.xml	左目
haarcascade_lowerbody.xml	下半身
haarcascade_profileface.xml	顔（証明写真）
haarcascade_righteye_2splits.xml	右目
haarcascade_smile.xml	笑顔
haarcascade_upperbody.xml	上半身

ここでは、人の顔認識ができる「haarcascade_frontalface_alt.xml」を使用します。Microsoft Edgeの場合、ダウンロードの手順は図8.11❶～❼のとおりです。ダウンロードした「haarcascade_frontalface_alt.xml」を先ほどデスクトップに作成した「opencv」フォルダに保存します。

コードでカスケードファイルを指定します（リスト8.3）。

リスト8.3 カスケードファイルの指定

```
casceade_file = "/home/pi/デスクトップ/opencv/haarcascade_➡
frontalface_alt.xml"
```

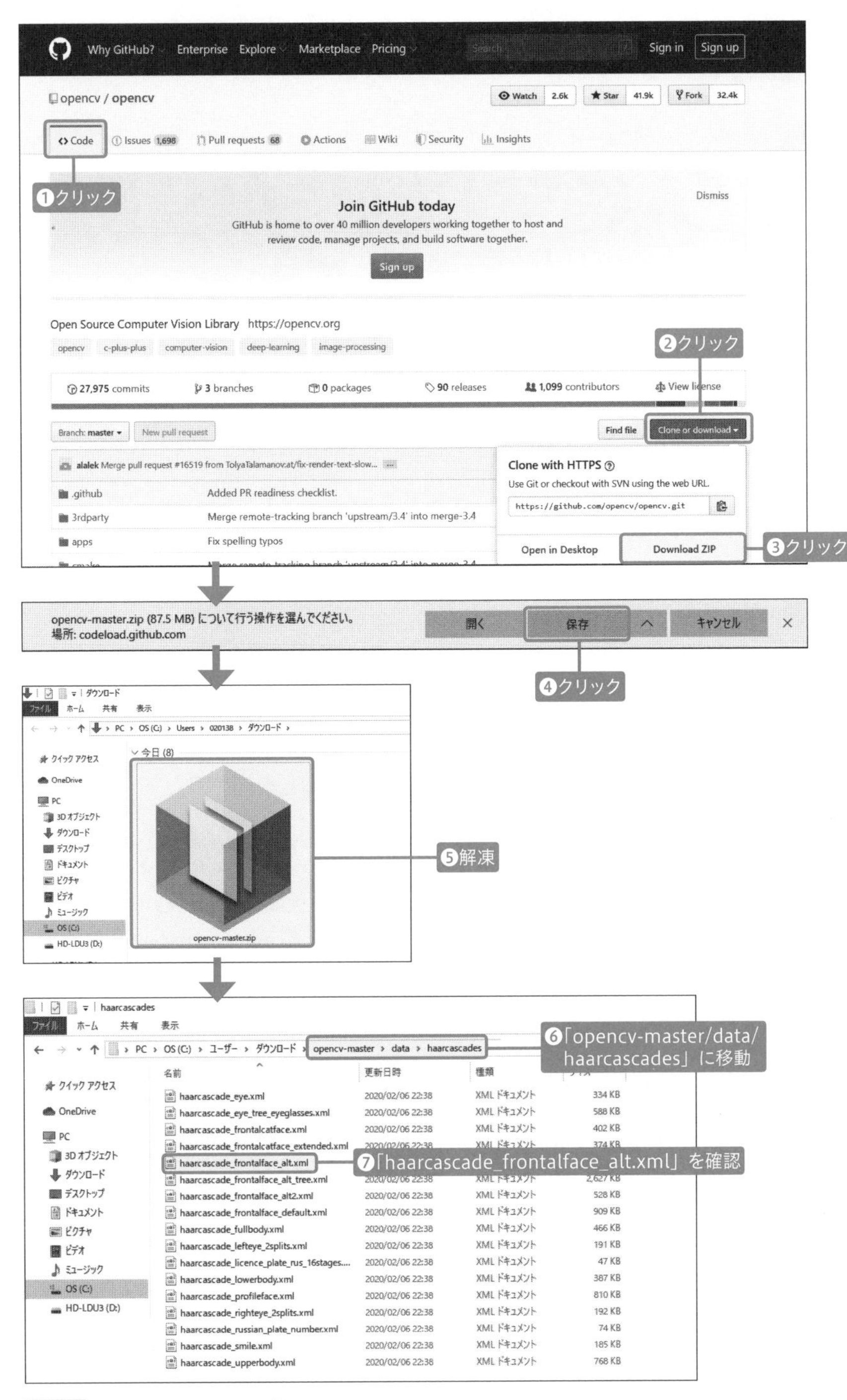

図8.11 カスケードファイルのダウンロード

カスケードファイルを読み込みます（リスト8.4）。

リスト8.4 カスケードファイルの読み込み

```
cascade = cv2.CascadeClassifier(casceade_file)
```

顔を認識して、矩形に変更し、表示をリスト化します（リスト8.5）。

リスト8.5 矩形に変更して表示をリスト化

```
face_list = cascade.detectMultiScale(image)
```

MEMO

cascade.detectMultiScale(image)

cascade.detectMultiScale(image)は、顔を検出してリスト化する関数です。
リストは、画像の左上を(0, 0)の原点とし、顔の位置の[Xの座標, Yの座標, 幅, 高さ]という数値のリストです（図8.12）。

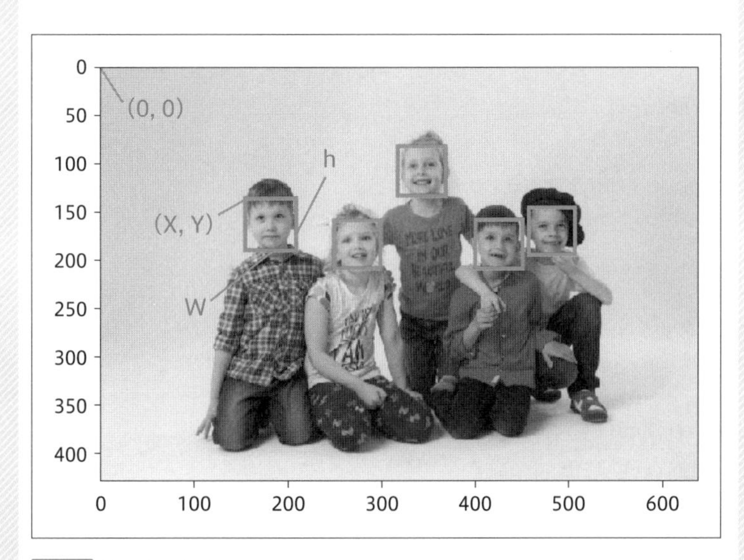

図8.12 顔検出のリスト化

顔を囲う枠の色をあらかじめ指定しておきます（リスト8.6）。

リスト8.6 顔を囲う枠の色を指定

```
color = (0, 0, 255)
```

MEMO

色指定

色の指定はRGB形式のため、青の場合は(0, 0, 255)と指定します。

顔を認識した箇所に枠を描画するプログラムを作成します（リスト8.7）。

リスト8.7 顔を認識した箇所に枠を描画する処理

```
if len(face_list) > 0:
    for face in face_list:
        x, y, w, h = face
        cv2.rectangle(image, (x,y), (x+w, y+h), color, ➡
thickness=2)
else:
    print("顔が認識できませんでした。")
```

顔認識した画像を表示させます（リスト8.8）。

リスト8.8 顔認識した画像を表示する処理

```
cv2.imshow('Frame',image)
cv2.waitKey(0)
cv2.destroyAllWindows()
```

プログラムを保存して（ここでは「chapter8.1」)、「Run」（再生マークのボタン）をクリックすると画像が表示されます（図8.13）。

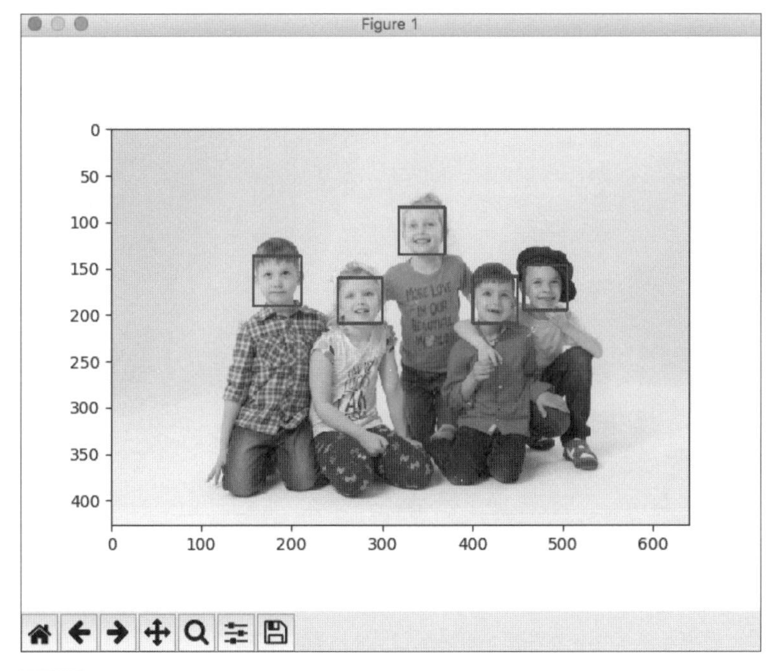

図8.13 実行結果

キーボードの任意のキーを押すとプログラムが終了します。

8.7 カメラから映像を取得するプログラムを作成する

カメラから映像を取得するプログラムを作成します。デスクトップ左上のRaspberry Piのアイコンをクリックし（図8.14❶)、メニューの中から「プログラミング」❷→「Thonny Python IDE」❸を選択します。

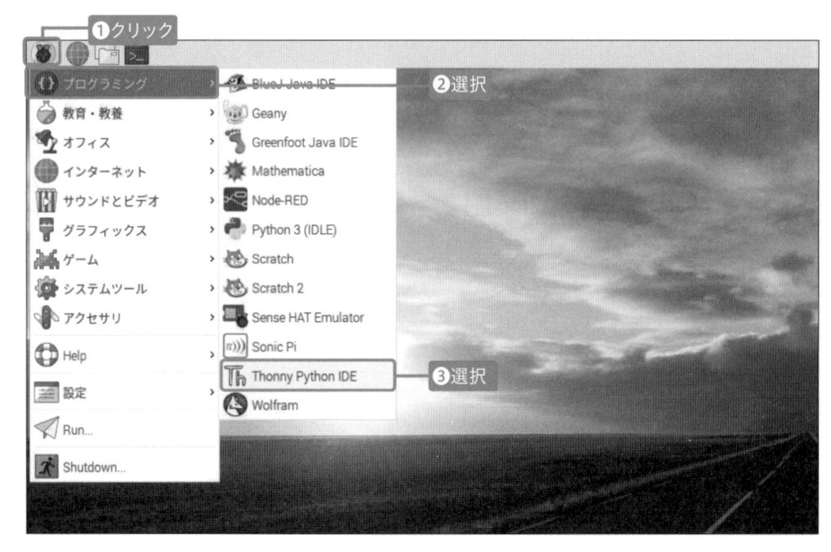

図8.14「Thonny Python IDE」の選択

それではプログラムを記述していきます。
まずは必要なライブラリをインポートします（リスト8.9）。

リスト8.9 ライブラリのインポート

```
from picamera.array import PiRGBArray
from picamera import PiCamera
import time
import cv2
```

映像を表示するウインドウやフレームレートの設定をします（リスト8.10）。

リスト8.10 ウインドウやフレームレートの設定

```
camera = PiCamera()
camera.resolution = (640, 480)
camera.framerate = 32
rawCapture = PiRGBArray(camera, size=(640, 480))

time.sleep(0.1)
```

カメラから映像を取得する処理を記述します（リスト8.11）。

リスト8.11 カメラから映像を取得する処理

```
for frame in camera.capture_continuous(rawCapture, format=➡
"bgr", use_video_port=True):
    image = frame.array

    # フレームを表示
    cv2.imshow("Frame", image)
    key = cv2.waitKey(1) & 0xFF
    # 次のフレームを表示
    rawCapture.truncate(0)

    # [Q] キーでストップ
    if key == ord("q"):
        break

cv2.destroyAllWindows()
```

Thonny Python IDEでプログラムファイルを保存して（ここでは「chapter 8.2」)、「Run」（再生マークのボタン）をクリックし実行します。するとカメラで撮影した映像が表示されます（図8.15）。

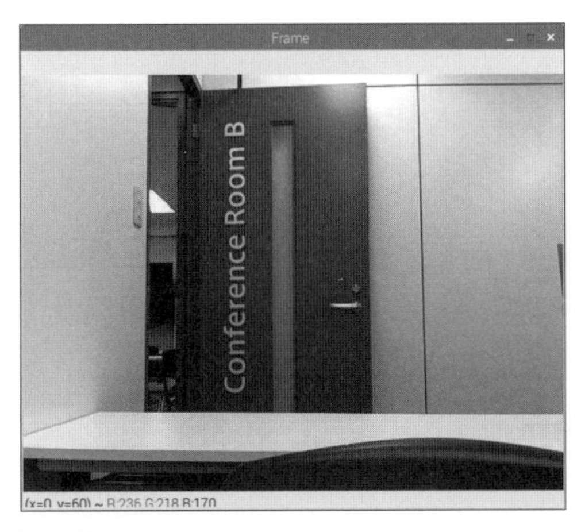

図8.15 カメラで撮影した映像

キーボードの［Q］キーを押すとプログラムが終了します。

8.8 セキュリティカメラのプログラムを作成する

8.7節で作成した映像を取得するプログラムを変更して、不審者を検知するAIを用いたセキュリティカメラを作成します（図8.16）。

図8.16 不審者と一般人

8-8-1 LEDを配線する

不審者を検知した際にLEDを点灯させるため、第3章の「Lチカ」と同じようにLEDを配線します（図8.17）。

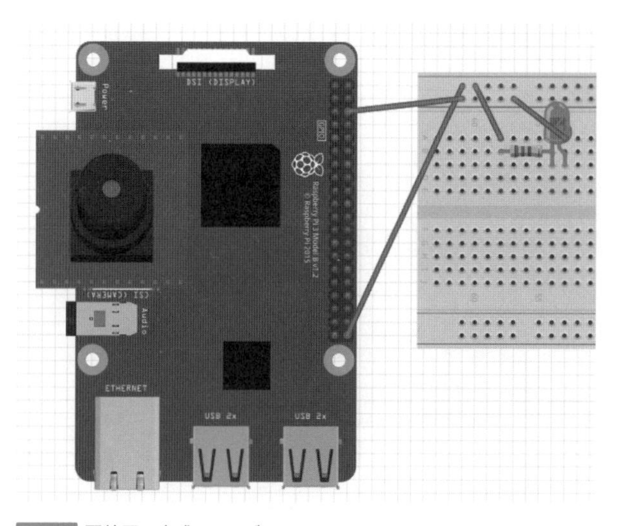

図8.17 配線図の完成イメージ

　不審者かどうかを検知するAIはAzureのサービスの1つである、「Azure Machine Learning」を利用して作成できます。なお、Azure Machine Learningを使ったAIの作成方法は付録2「Azure Machine Learningを利用した人工知能の作り方」で解説していますので、そちらを参照してください。

8-8-2 セキュリティカメラに関するプログラムの作成

　デスクトップ左上のRaspberry Piのアイコンをクリックし（図8.18❶）、メニューの中から「プログラミング」❷→「Thonny Python IDE」❸を選択します。

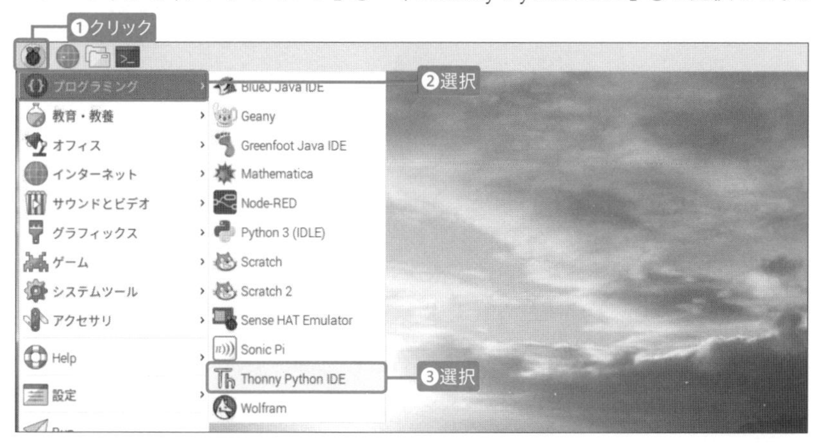

図8.18 「Thonny Python IDE」の選択

　それではプログラムを記述していきます。
　まずは必要なライブラリをインポートします（リスト8.12）。

リスト8.12 ライブラリのインポート

```
from picamera.array import PiRGBArray
from picamera import PiCamera
import time
import cv2
import urllib
import urllib.request
import urllib.error
import json
import ssl
import RPi.GPIO as GPIO
```

映像を表示するウインドウやフレームレートを設定します（リスト8.13）。

リスト8.13 ウインドウやフレームレートの設定

```
camera = PiCamera()
camera.resolution = (640, 480)
camera.framerate = 32
rawCapture = PiRGBArray(camera, size=(640, 480))
time.sleep(0.1)
```

カメラで検知したデータを格納するためのリストを定義します（リスト8.14）。

リスト8.14 データを格納するリストを定義

```
face_data=[]
```

人の顔を認識できるカスケードファイルを指定します（リスト8.15）。

リスト8.15 カスケードファイルの指定

```
faceCascade = cv2.CascadeClassifier("/home/pi/デスクトップ/➡
opencv/haarcascade_frontalface_alt.xml")
```

カメラから映像を取得し、人の顔を認識した場合に、Azure Machine Learningにデータを送信するプログラムを記述します（リスト8.16）。

リスト8.16 顔を認識した場合にAzure Machine Learningにデータを送信する処理

```
for frame in camera.capture_continuous(rawCapture, format=➡
"bgr", use_video_port=True):
    image = frame.array
    gray = cv2.cvtColor(image, cv2.COLOR_BGR2GRAY)
    faces = faceCascade.detectMultiScale(
        gray,
        scaleFactor=1.1,
        minNeighbors=5,
        minSize=(30, 30),
```

```
        flags=cv2.CASCADE_SCALE_IMAGE
    )

    # 顔を四角枠で囲う
    for (x, y, w, h) in faces:
        cv2.rectangle(image, (x, y), (x + w, y + h), (0, ➡
255, 0), 2)

    # フレームを表示
    cv2.imshow("Frame", image)
    key = cv2.waitKey(1) & 0xFF

    # 次のフレームを表示
    rawCapture.truncate(0)

    # [Q] キーでストップ
    if key == ord("q"):
        break

    # 顔を認識し矩形にリスト化
    face_list = faceCascade.detectMultiScale(image)

    if len(face_list) > 0:
        for face in face_list:
            image = image[face[1]:face[1] + face[3], face[0]:➡
face[0] + face[2]]  # トリミング 例：[68:218 , 55:205]
            image = cv2.resize(image, (28, 28))  # リサイズ
            image_gs = cv2.cvtColor(image, ➡
cv2.COLOR_BGR2GRAY)  # グレースケール
            image_gs = image_gs.flatten()  # リストを平坦化
            i= 1
            for n in image_gs:
                exec("img%d = %d" % (i, n))
```

```
                i = i+1
        ssl._create_default_https_context = ➡
ssl._create_unverified_context
        data = {
            "Inputs": {
                "input1":
                    {
                        "ColumnNames": ["Col1", "Col2", ➡
"Col3"  [--- 中略 ---]  "Col783", "Col784", "Col785"],
                        "Values": [["0", img1, img2", ➡
img3"  [--- 中略 ---]  "img783", "img784"],]
                    }, },
            "GlobalParameters": {
            }
        }
        body = str.encode(json.dumps(data))

        url = '*******' ―――――――――――――――― ❶
        api_key = '*******' ―――――――――――――― ❷
        headers = {'Content-Type': 'application/json', ➡
'Authorization': ('Bearer ' + api_key)}
        req = urllib.request.Request(url, body, headers)
        try:
            response = urllib.request.urlopen(req)
            result = response.read().decode("utf-8")
            json_str = result
            json_dict = json.loads(json_str)
            output1 = json_dict["Results"]["output1"]➡
["value"]["Values"]
            last_val = output1[0][-1]

            print(last_val)
```

```
            print("人を認識しました。")
            if last_val == "0":
                print("不審者")

                GPIO.setmode(GPIO.BCM) ➡
# ピン番号ではなくGPIOの番号で指定
                GPIO.setup(21, GPIO.OUT) ➡
# GPIO 21を出力として指定
                # 繰り返し処理
                for l in range(2):
                    GPIO.output(21, GPIO.HIGH) ➡
# GPIO 21をHIGHに変更
                    time.sleep(0.5)  # 0.5秒停止
                    GPIO.output(21, GPIO.LOW) ➡
# GPIO 21をLOWに変更
                    time. sleep(0.5)  # 0.5秒停止
            else:
                print("一般人")
            time.sleep(1)

        except urllib.error.HTTPError as error:
            print("The request failed with status code: " ➡
+ str(error.code))
            print(error.info())
            print(json.loads(error.read()))

    face_list = []

cv2.destroyAllWindows()
```

MEMO

変数名「url」と「api_key」

リスト8.16 ❶の変数名「url」とリスト8.16 ❷の「api_key」にはAzure Machine Learningで取得したURLとAPI KEYを入力します。URL（付録2では「API URL」と記載）とAPI KEYの取得方法は付録2「Azure Machine Learningを利用した人工知能の作り方」を参照してください。

Thonny Python IDEでプログラムファイルを保存して（ここでは「chapter 8.3」）、「Run」（再生マークのボタン）をクリックし実行します。カメラとプログラムが不審者を検知するとLEDが2回点滅します（図8.19）。Thonny Python IDEでは、リスト8.17の出力があります。

リスト8.17 出力

```
0
人を認識しました。
不審者
1
人を認識しました。
一般人
```

図8.19 不審者の検出

出典 出典 フリー写真素材【写真AC】※4

URL https://www.photo-ac.com/main/detail/1530432

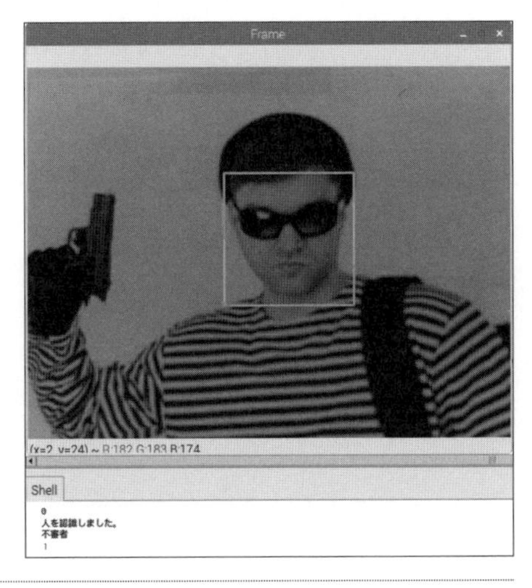

キーボードの［Q］キーを押すとプログラムが終了します。

※4 フリー写真素材【写真AC】から写真をダウンロードするには事前に登録が必要です。サンプルには含まれていませんので、ご自身でダウンロードしてください。

8.9 IFTTT（イフト）を利用してメールを送る

不審者を検知した際に指定したメールアドレスにメールを送付するようにIFTTTを利用します。

IFTTTは「IF This Then That」の略で、「何らかの事象が発生したら、別の事象を発生させる」といったIoT構築にもよく利用されるサービスです。

8-9-1 「sign up」する

図8.20のIFTTTのサイトにアクセスして、「sign up」を行います。「sign up」をクリックして❶、メールアドレスとパスワードを設定して❷、「Sign up」をクリックします❸。画像認証を行い❹、「次へ」をクリックします❺。

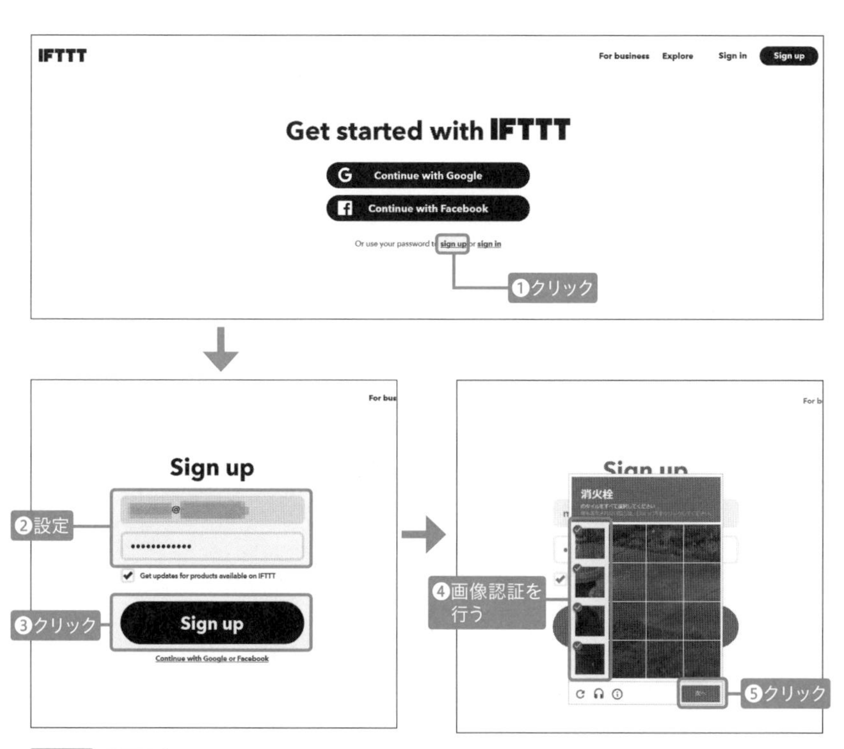

図8.20 IFTTT

URL https://ifttt.com/join

サインアップするとよく利用するサービス（ここでは天気情報）が表示されますが、ここでは右上の「×」をクリックしてスキップします（図8.21）。

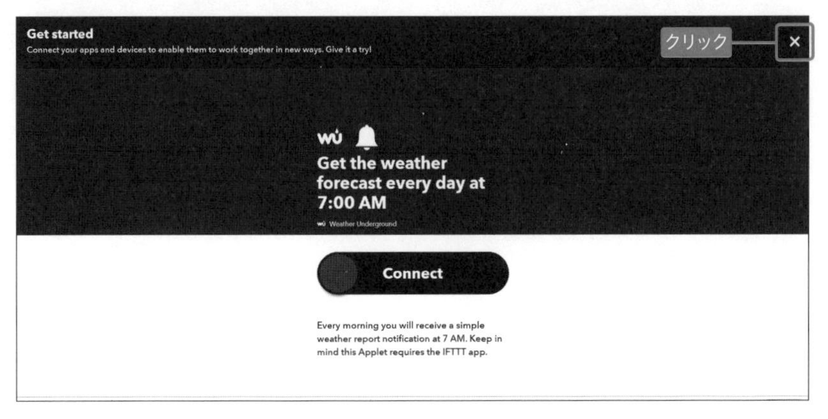

図8.21「×」をクリック

8-9-2 this（トリガとなる事象）と that（発生する事象）を設定する

続いて、「トリガとなる事象」と「発生する事象」を設定するために「Applet」を作成します。ユーザーアイコンをクリックして（図8.22❶）、「Create」を選択します❷。

図8.22「Create」を選択

this（トリガとなる事象）とthat（発生する事象）を設定します。

画面から「This」をクリックします（図8.23）。

図8.23「This」をクリック

連携するサービスを選びます。ここでは不審者を検知した際にIFTTTに特定のリクエストを送るように設定するため、「Search Services」に「Webhooks」と入力して検索して（図8.24❶）、「Webhooks」をクリックします❷。

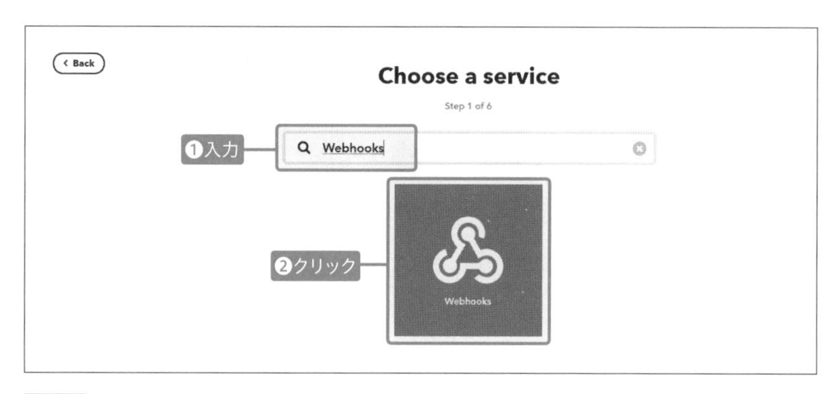

図8.24「Choose a service」の設定

「Connect」をクリックします（図8.25）。

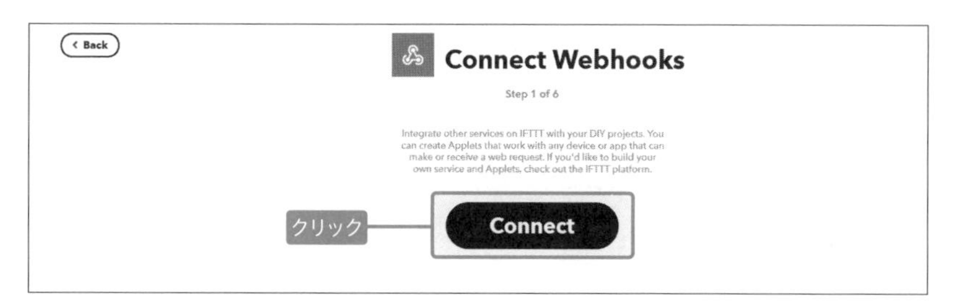

図8.25「Connect」をクリック

「Receive a web request」をクリックします（図8.26）。

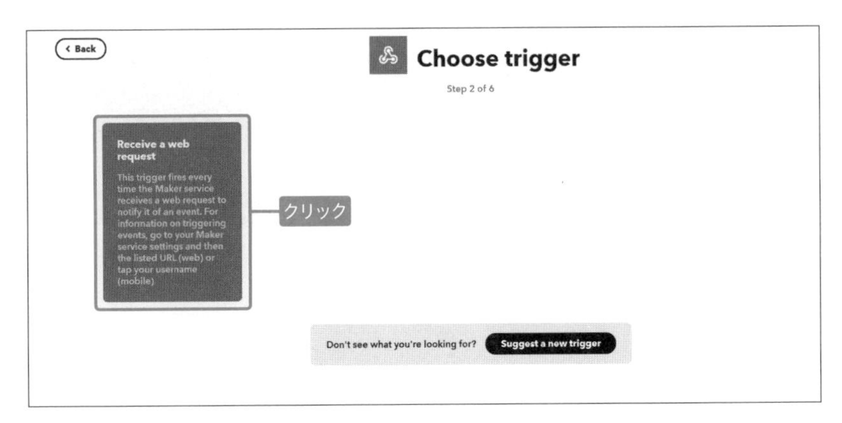

図8.26「Receive a web request」をクリック

「Complete trigger fields」でEvent Nameに「suspicious_person」と入力し（図8.27❶)、「Create trigger」をクリックします❷。ここで入力したEvent Nameはプログラムを記述する際に使用します。

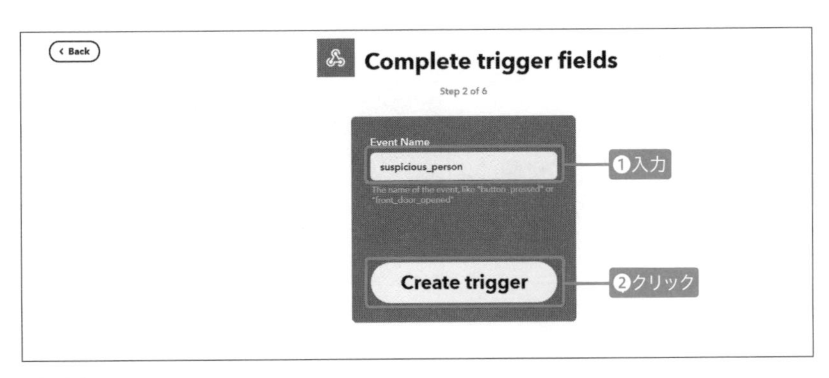

図8.27「Complete trigger fields」の設定

続いてthat（発生する事象）を設定します。
画面の「That」をクリックします（図8.28）。

図8.28「That」をクリック

サービスの中から「Email」をクリックします（図8.29）。

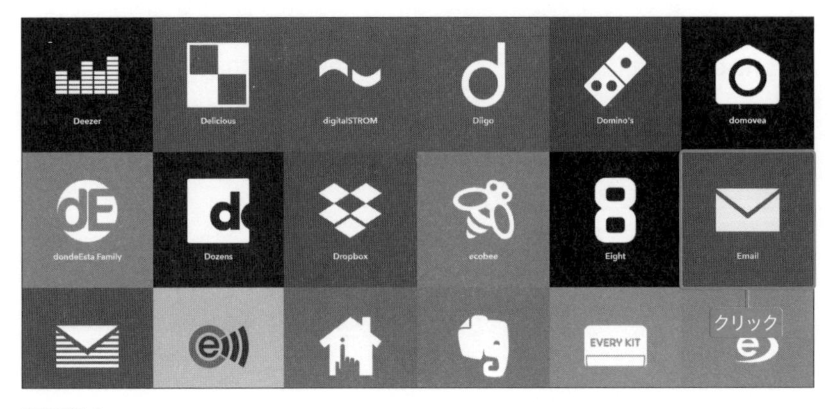

図8.29 「Email」をクリック

「Connect」をクリックします（図8.30）。

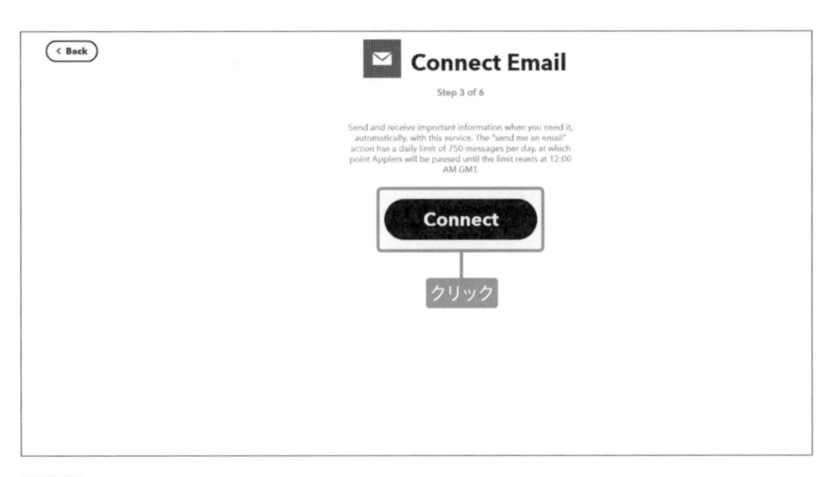

図8.30 「Connect」をクリック

「Connect Email」のダイアログボックスが表示されるので、「Email address」を入力して（図8.31❶）、「Send PIN」をクリックします❷。登録したメールアドレスにPIN番号が送信されるので、PIN番号を入力して❸、「Connect」をクリックします❹。

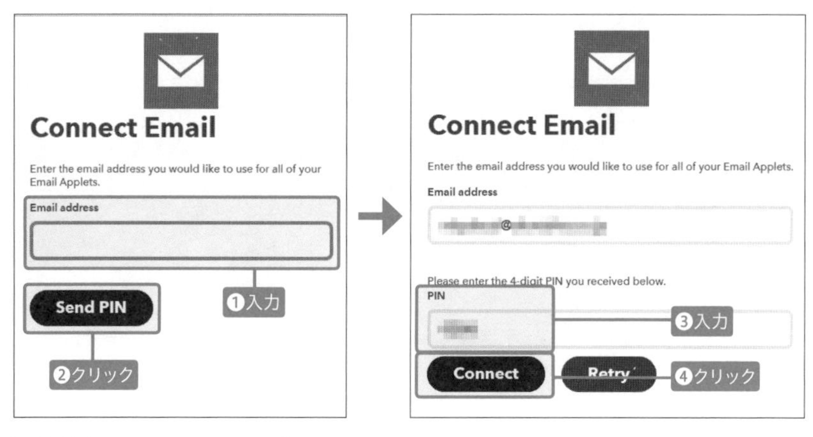

図8.31 「Connect Email」の設定

「Send me an email」をクリックします（図8.32）。

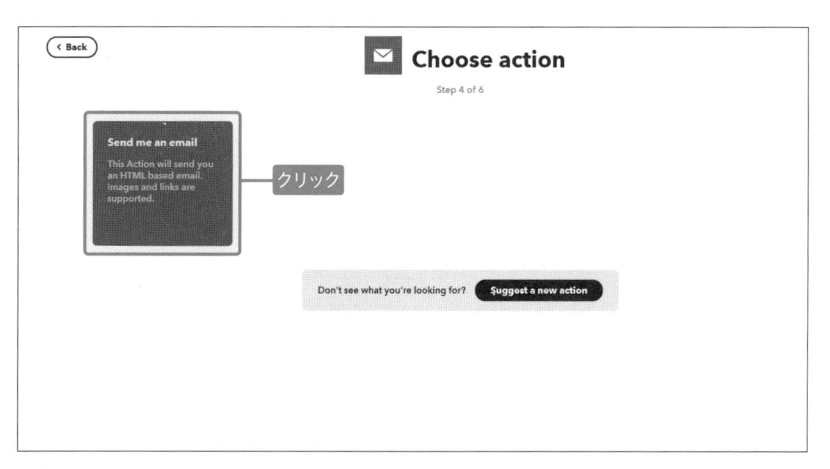

図8.32 「Send me an email」をクリック

送信されるメールの件名（図8.33❶）と本文（メールの本文になります。設定は任意）❷を設定して、「Create action」をクリックします❸。

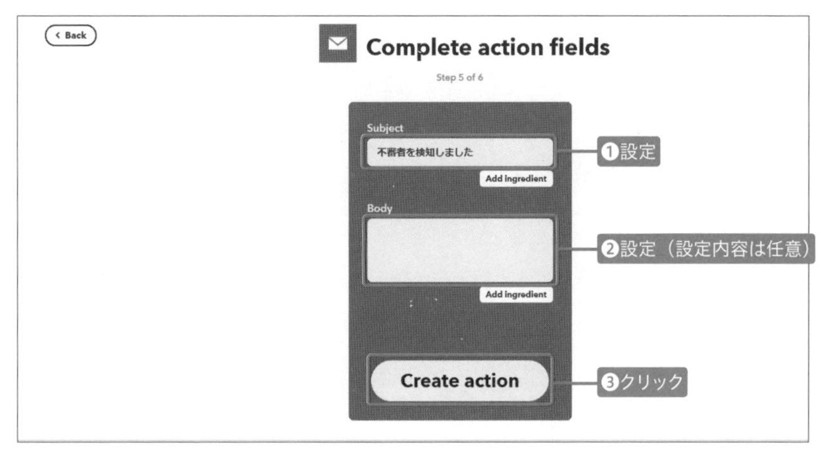

図8.33「Complete action fields」の設定

送信先のメールアドレスを設定して（図8.34❶）、「Finish」をクリックします❷。

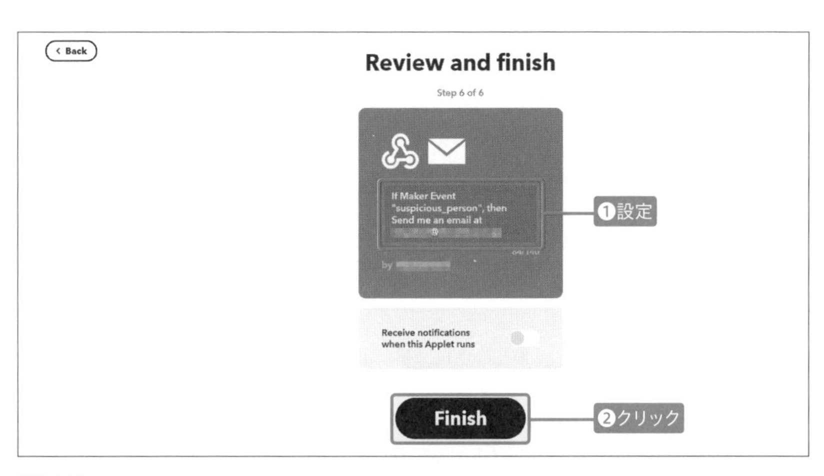

図8.34「Review and finish」の設定

8-9-3 Raspberry PiからIFTTTのサーバーにリクエストを送信するために必要な情報を確認

Raspberry PiからIFTTTのサーバーにリクエストを送信するために必要な情報を確認します。右上のユーザーアイコンをクリックし（図8.35❶）、プルダウンメニューから「My services」を選択します❷。

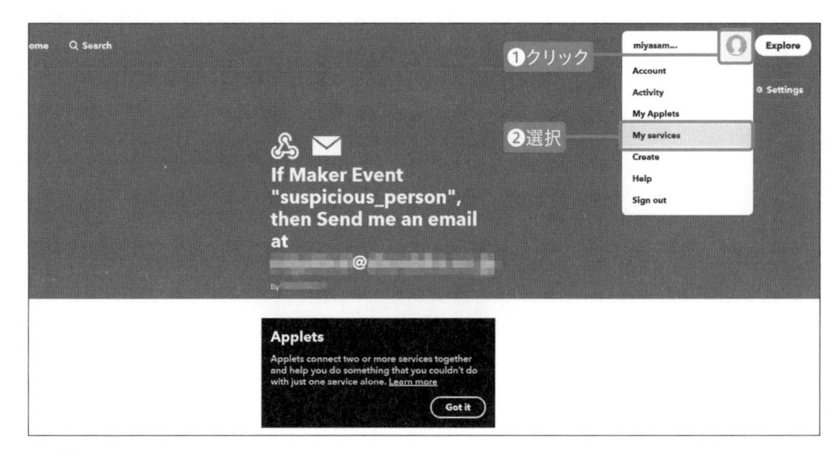

図8.35「My services」を選択

「Webhooks」をクリックします（図8.36）。

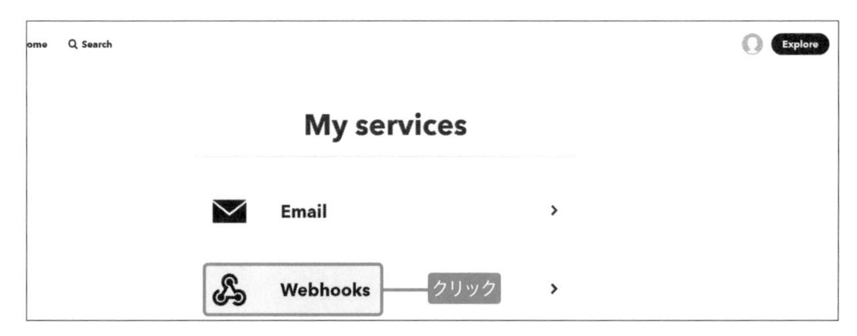

図8.36「Webhooks」をクリック

右上の「Documentation」をクリックします（図8.37）。

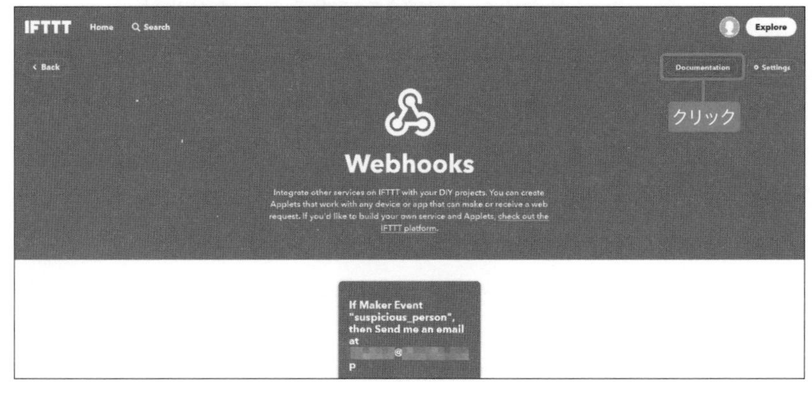

図8.37「Documentation」をクリック

「Your key is：(キー)」のキーの部分をコピーします（図8.38）。

Your key is:
Back to service
コピー

To trigger an Event

Make a POST or GET web request to:

https://maker.ifttt.com/trigger/{event}/with/key/

With an optional JSON body of:

{ "value1" : "", "value2" : "", "value3" : "" }

The data is completely optional, and you can also pass value1, value2, and value3 as query parameters or form variables. This content will be passed on to the Action in your Recipe.

You can also try it with curl from a command line.

curl -X POST https://maker.ifttt.com/trigger/{event}/with/key/

Test It

図8.38 キーの部分をコピー

コピーしたキーをプログラムに追加します。

全体のプログラムコードは本書のサンプルをダウンロードして確認してください。リスト8.18で掲載しているのは、全体のプログラムコードのうち、12行目と105行目の全部で2行となります。

リスト8.18のプログラムコード内の{your key}を図8.38でコピーしたYour keyのナンバーに、{event name}を図8.27でEvent Nameとして入力した「suspicious_person」に変更してください。

リスト8.18 プログラムにコピーしたキーを入力する

```
import requests
(…略…)
requests.post("https://maker.ifttt.com/trigger/➡
{event name}/with/key/{your key}")
(…略…)
```

Thonny Python IDEでプログラムファイルを保存して（ここでは「chapter 8.4」）「Run」（再生マークのボタン）をクリックすると、先ほどと同じようにカメラの映像が表示され、不審者を検知するとメールが送信されます。

ATTENTION

エラーになった場合

リスト8.16までや再実行など、前のコードの実行後に、続けて次のリストのコードを実行すると、リスト8.19のエラーが表示されることがあります。

リスト8.19 エラーの例

```
0
人を認識しました。
不審者
cam_ifttt_sh.py:108: RuntimeWarning: This channel ➡
is already in use, continuing anyway.  ➡
Use GPIO.setwarnings(False) to disable warnings.
  GPIO.setup(21, GPIO.OUT)  # GPIO 21を出力として指定
```

このような場合、Raspberry Piを再起動すれば、問題なく実行できます。

第9章 IoTとセキュリティ

本章ではIoTにおけるセキュリティの重要性と対策について解説します。

9.1 IoTにおけるセキュリティの重要性

IoTシステムは、デバイスやクラウド、ネットワークといった様々な技術の連携で成り立っています。そのため、一箇所だけでもセキュリティの脆弱があった場合、そこを攻撃されシステムの改ざんや情報漏洩の危険性があります。

例えば、最近よく目にするスマート家電などでは、ネットワークに接続されたカメラに侵入されることで家の中の映像を取得されプライバシーを脅かされることがあります。

さらに、カメラ以外にもドアの開け閉めを感知するセンサーといった単純な信号を送るようなIoTデバイスでも、家主の日常の行動パターンの解析に利用されることで、家の中への侵入を許してしまう可能性が高まります（図9.1 右）。

家の中以外にもIoTセキュリティのリスクは潜んでいます。工場のネットワークに侵入したマルウェアが工場内のセンサーやロボットのシステムを破壊することで工場の生産が著しく低下したり、センシングした情報が漏洩したりするリスクもあります（図9.1 左）。

IoTシステムを構築する上でセキュリティのリスクに備えておくことが重要となります。

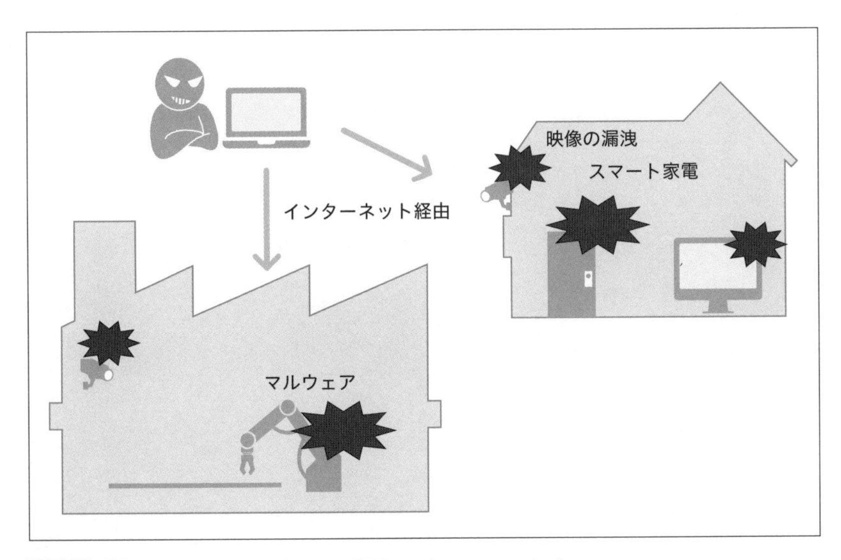

図9.1 家庭内IoT機器や工場内のIoT機器のセキュリティのリスク

9.2 IoTセキュリティの設計

一般的に情報セキュリティは以下の3つの要件があります（図9.2）。

- 機密性（confidentiality）
- 完全性（integrity）
- 可用性（availability）

図9.2 3つのセキュリティ要件

機密性

機密性は、情報に対して許可された者だけがアクセスできるよう、暗号化や認証などによってアクセスを制御します。

完全性

完全性は、情報を破壊や改ざん、消去されない状況を保っていることを指します。

例えば、マルウェアの侵入によってセンサーデバイス内のファームウェアが改ざんされたことによって、センシングで得たデータが正常にクラウドに送信されていない場合は完全性が保たれていない状態です。

可用性

可用性とは、情報へのアクセスを許可された者が、必要な時に中断することなく情報や関連資産にアクセスできることです。

ネットワークの二重化などによって、デバイスからクラウドにデータを送信する際に停止や遅延がない状態を指します。

上記3つのセキュリティ要件を満たすためには、IoTにおいてデバイスやクラウド、ネットワークにどのようなセキュリティリスクが潜んでいるかを知ることが重要です。

例えば、クラウドとデバイスの接続に利用されるネットワークでは、通信プロトコルとしてHTTPSやMQTTSという暗号化された通信プロトコルを利用することがありますが、暗号化されていないHTTPやMQTTといった通信プロトコルを利用した場合に、Wi-Fiルーターなどのネットワーク経路の途中でデータの漏洩や改ざんといったセキュリティリスクがあります。

MEMO

HTTPS

Hypertext Transfer Protocol Secureの略。HTTP経由の通信を安全に行うためのURlスキーム。

MEMO

MQTTS

Message Queuing Telemetry Transport Secureの略。MQTTSはIoT機器向けに軽量化されたプロトコルで、MQTTSはMQTTにセキュリティレイヤーを追加したプロトコルです。

クラウドの場合は、管理者向けのコンソールやアプリケーションのユーザーインターフェイスから侵入を許す場合があるため、認証セキュリティが重要となります。また、デバイス内のファームウェアを改ざんされることも考えられるため改ざんされないよう対策することも重要です。

デバイス内には、暗号化に必要な公開キーなどがファームウェア内に記載されていた場合に、デバイスが盗難に遭い、プログラムを抜き出されるなどのセキュリティリスクもあります。

9.3 IoTセキュリティ対策

ここでは、IoTセキュリティ対策に重要な技術を紹介します。

9-3-1 認証

認証とは、許可された者だけが情報や関連リソースにアクセスできるようにするために利用される、機密性を保つ技術です。

一番有名な認証がIDとパスワードによって行われる認証です。パスワード認証は多くの情報セキュリティで利用されています。ただし、IoTではID/パスワードによる認証が利用できない場合もあるため、そういった場合はデジタル署名が認証に利用されることがあります。

デジタル署名は、送受信され得るデータをハッシュ関数と暗号化を利用して改ざんを検知する技術です（図9.3）。

その他、認証にはSIMカードなどに搭載されている「ICチップ認証」や指紋や声紋などを利用して認証を行う「生体認証」があります。

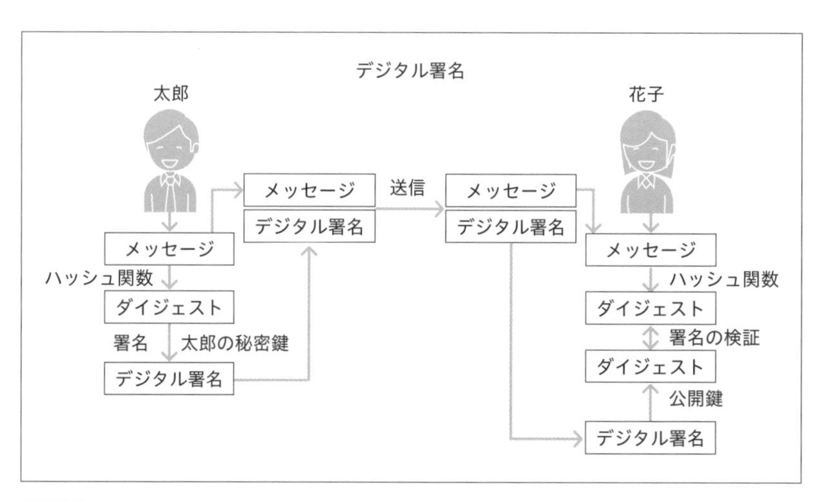

図9.3 デジタル署名

出典 情報処理推進機構
URL https://www.ipa.go.jp/security/pki/024.htmlの「図 2-9 デジタル署名の生成と検証」を元に作成

9-3-2 暗号化

暗号化は、情報をあらかじめ決められた規則に従って変換することで、第三者がその情報を見ても解読できないようにする技術です。

暗号化される前の情報のことを「平文（ひらぶん、へいぶん）」、平文を暗号化した情報を「暗号文」と呼び、暗号文から平文に戻すことを「復号」と呼びます。

暗号化技術には、「共通鍵暗号方式」（図9.4）と「公開鍵暗号方式」（図9.5）の2つがあります。

共通鍵暗号方式は暗号化と復号に同一の鍵を使うのに対し、公開鍵暗号方式は暗号化と復号で異なる鍵を利用します。

公開鍵暗号方式で利用する異なる鍵をそれぞれ「公開鍵（パブリックキー）」と「秘密鍵（プライベートキー）」と呼びます。

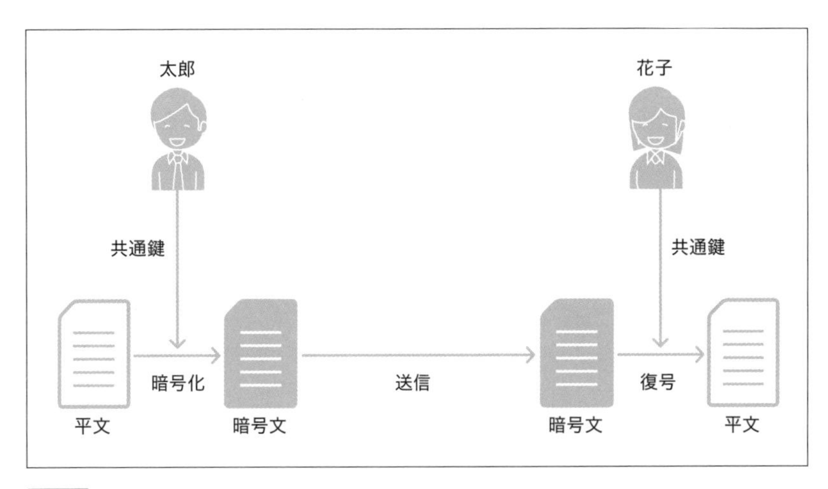

図9.4 共通鍵暗号方式

出典 情報処理推進機構
URL https://www.ipa.go.jp/security/pki/021.htmlの「図 2-2 共通鍵暗号方式」を元に作成

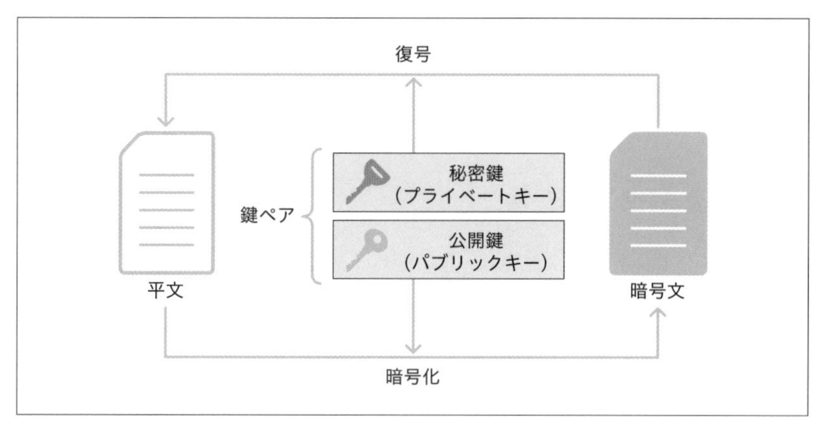

図9.5 公開鍵暗号方式

出典 情報処理推進機構
URL https://www.ipa.go.jp/security/pki/022.htmlの「図 2-3 公開鍵暗号方式」を元に作成

共通鍵暗号方式は、公開鍵暗号方式と比べ処理が早く実装が容易というメリットを持ちますが、公開鍵を共有する必要があるため、第三者に公開鍵を知られた場合に暗号文を復号され解読されてしまうリスクがあります。一方、公開鍵暗号方式は復号に用いる秘密鍵を自身で保管しておくことによって第三者に復号されることを防ぎます。公開鍵暗号化方式の有名な実装手段としてRSAがあります。

例えば、RSA暗号化を使って電話番号などの個人情報を受け取りたい場合、公開鍵と秘密鍵を作成し公開鍵を基に暗号化してもらいます。

暗号化された電話番号を受け取った後、秘密鍵を使い復号します。その際、秘密鍵は第三者に知られないようにする必要がありますが、公開鍵では暗号文を平文に復号することはできないため第三者に知られても問題ありません。

RSAの暗号化と復号化は以下の式で表すことができます。

● [暗号化]

$$\text{暗号文} = \text{平文}^{\mathrm{E}} \bmod N$$

● [復号化]

$$\text{平文} = \text{暗号文}^{\mathrm{D}} \bmod N$$

式に入る値Nには、ランダムに生成された2つの十分に大きい素数の積の値が入ります。

また、ランダムに生成された2つの十分に大きい素数から1を引いた数の最小公約数をLとした時、値EにはLより小さく1より大きい、Lと互いに素な任意の整数が入ります。値Dには、Eとの積の余剰が1となる任意の整数が入ります。

9-3-3 耐タンパー性

クラウドやネットワークと違い、IoTデバイスは、物理的に存在するためサイバー攻撃以外にも実際に盗まれてデバイス内部の情報を解析されるといったところから、不正なアクセスを許してしまうことがあります。このような不正アクセスに対する難しさのことを「耐タンパー性」といい、IoTデバイスにおいて耐タンパー性を保つことは重要です。

耐タンパー性を高める方法として、IoTデバイス内のプログラムを暗号化することによって解読を困難にする方法や、物理的に強固なデバイスを作成することで内部のフォームウェアにアクセスできないようにする方法があります。また、不正アクセスを検知した場合にプログラムを消去する方法もあります（図9.6）。

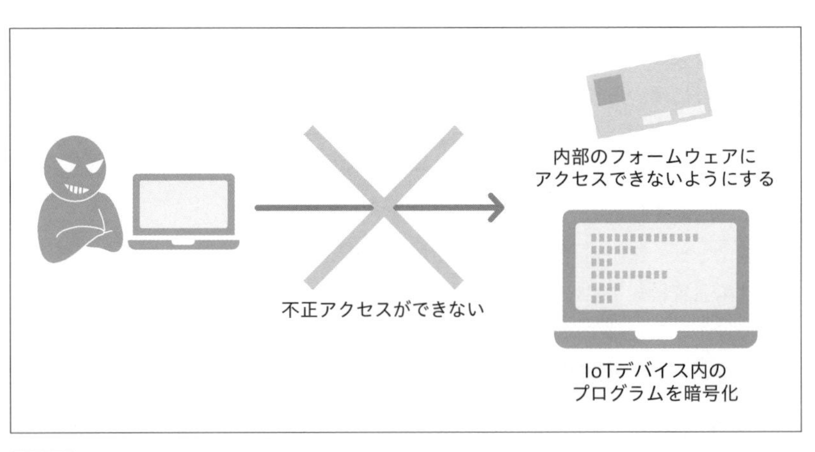

図9.6 耐タンパー性を高める工夫

また、ファームウェアの改ざんを検知するために、耐タンパー性の高いチップを信頼の基礎として利用することがあります。

耐タンパー性の高いチップにより、改変されていない初期状態のファームウェアを保つことで、万が一プログラムの改ざんがあった場合に正当性を検証することができます。

Appendix 1

IoT関連のTIPS

付録1では、第1章から第9章までの章で触れられなかった、IoT関連のTIPSを紹介します。

AP1.1 カメラで撮影した画像を保存する

データの変換が必要ない場合、IoT Hubを利用せずにデータファイルをそのままAzureのBlob Storageにアップロードできる方法があります（図AP1.1）。

具体的には、カメラから取得した映像を画像として保存する際、「Open CV」を利用する方法です。

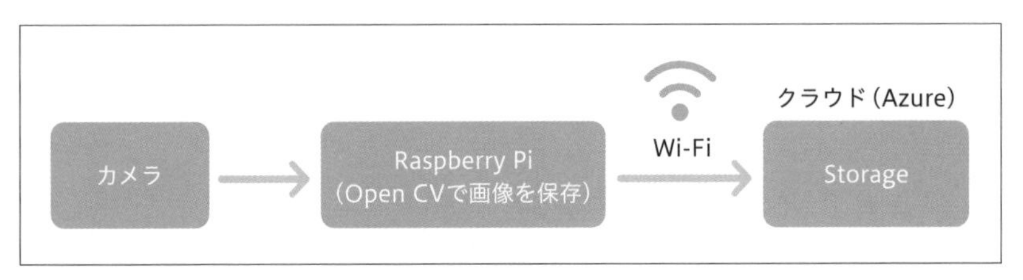

図AP1.1 Open CVを利用した画像のアップロード

実際のPythonのコードはリストAP1.1を参照してください。

リストAP1.1 カメラで撮影した画像を保存する処理

```
from azure.storage.blob import BlockBlobService, PublicAccess
STORAGE_ACCOUNT_NAME = "ストレージ名"
STORAGE_ACCOUNT_KEY = "アクセスキー"
STORAGE_CONTAINER_NAME = "コンテナー名"
block_blob_service = BlockBlobService(account_name = ➡
STORAGE_ACCOUNT_NAME, account_key = STORAGE_ACCOUNT_KEY)
block_blob_service.create_blob_from_path➡
(STORAGE_CONTAINER_NAME, 画像ファイル名, 画像ファイルパス)
```

AP1.2 モーターの駆動角度を制御する

本書で利用したDCモーターは、回転数や回転角度を制御できませんが、サーボモーターはPWM（Pulse Width Modulation）で角度制御することができます。

 MEMO

PWM

周期的にHIGHとLOWの間を変化するパルス信号のパルス幅を変化させる信号方式です。

典型的なサーボモーターは周期20ms（50Hz）、パルス幅0.7～2msと狭い範囲のデューティ比の信号を使用します。もっとも幅の狭い0.7msがマイナス方向の最大角度、もっとも幅の広い2msがプラス方向の最大角度、平均値の1.35msが0度となります（図AP1.2）。

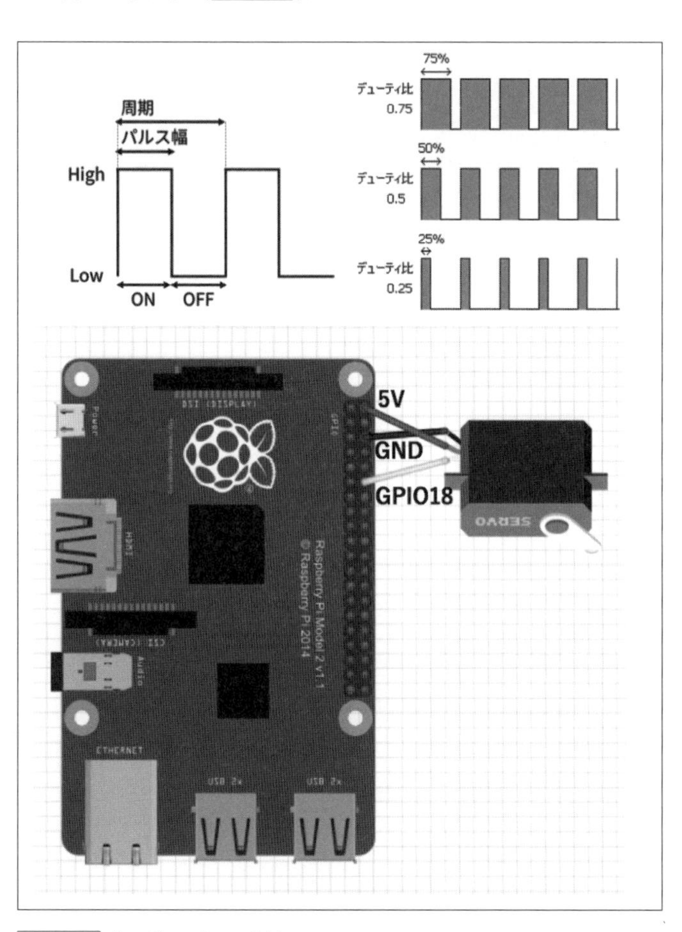

図AP1.2 サーボモーターの接続

実際のPythonのコードは リストAP1.2 を参照してください。

リストAP1.2 モーターの駆動角度を制御する処理

```
import RPi.GPIO as GPIO
import time
GPIO.setmode(GPIO.BCM)
GPIO.setup(18,GPIO.OUT)
servo = GPIO.PWM(18, 50)
servo.start(0)
servo.ChangeDutyCycle(2.5)
```

AP1.3 Raspberry PiとArduinoの違い

Raspberry PiとArduinoは、デバイスを同じように制御できますが、Raspberry Piは「コンピューター」なのに対し、Arduinoは「マイコンを搭載したシステム」なのでカテゴリが異なります。大きな違いとしては 表AP1.1 の内容が挙げられます。

表AP1.1 Raspberry PiとArduinoの大きな違い

	Raspberry Pi	Arduino
Webサーバーとしての動作	○	△
アナログ値の出力	△	○
精度の高いPWM信号の出力数	1	6つ（Arduino Unoの場合）
消費電力	3.5W（Model B）、3.0W（Model B+）	Raspberry Piの約10分の1
サイズ	85.6 mm × 56.5 mm	68.6 mm × 53.4 mm

AP1.4 LAN環境がない場合

IoTデバイスを無線LANの電波や有線LANのケーブルが届く場所に設置できない場合でも、移動通信システム（3G、LTE、4G）の公衆回線を利用したUSBモデムなどを利用することで電波が届くところであれば、どこからでもネットワークをつなげることができます（図AP1.3）。

図AP1.3
3G USB ドングル「AK-020」/ データ通信用SIMカードを設定して利用

出典 株式会社ソラコム：「SORACOMリファレンスデバイス 通信モジュール」より引用
URL https://soracom.jp/products/module/

AP1.5 コンセントを使わない場合

コンセントがないところでRaspberry Piを動かしたい場合、モバイルバッテリー等を利用すれば、動かすことができます。

Raspberry Piを動作させるために必要な推奨の電圧と電流はそれぞれ5.0V、2.5Aです（図AP1.4）。

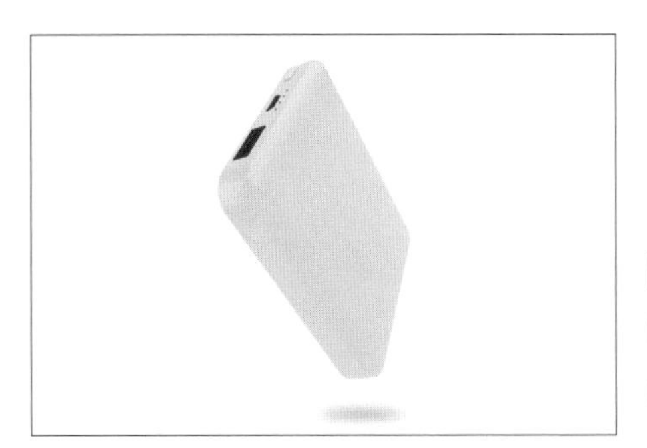

図AP1.4 モバイルバッテリーの例

出典 株式会社テック：「TMB-4KS」より引用
URL http://tecnosite.co.jp/ja/mobile-battery/188-tmb-4ks.html

AP1.6 省電力化・筐体を小さくする

省電力化をする・筐体を小さくする

Raspberry Piは高性能である反面、消費電力が大きいため常時電力が供給できない場合は、必要な時だけ起動するといった制限があります。

また、利用しないモジュールも多く含まれているため、省電力化や筐体を小さくする場合には別のIoTデバイスを選ぶ必要があります（図AP1.5）。

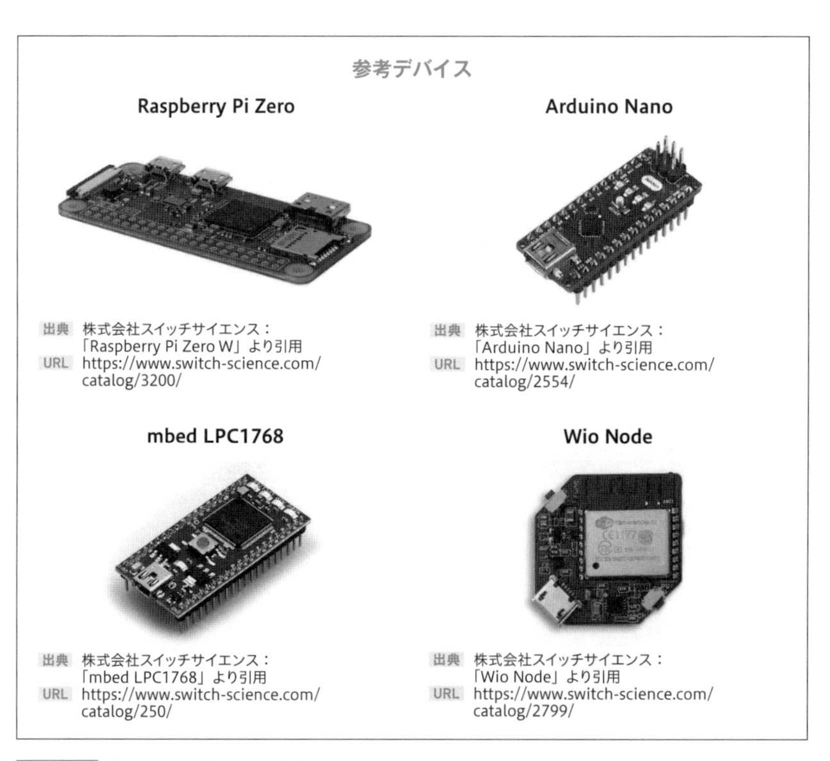

図AP1.5 省電力・小型のIoTデバイス

ネットワーク通信にLPWAを利用する

ネットワーク通信にLPWA（Low Power, Wide Area）を利用することで消費電力を抑えることが可能です。

- LPWA参考価格：ソラコム　Air for Sigfox　1,440円/1年

Appendix 2

Azure Machine Learningを利用した人工知能の作り方

付録2では、本書の第8章で触れたAzure Machine LearningによるAIの開発方法を解説します。

AP2.1 Azure Machine Learningとは

Azure Machine Learning（以下Azure ML）はMicrosoft社が開発した、機械学習で必要となる機能を提供するAzureの一部のクラウドサービスです。

Azure Machine Learningを利用することで、プログラミングの知識がない方でも簡単に機械学習やAIに触れることができます。

AP2-1-1 Azure MLの利用

まずは、Azure MLの無料アカウントを作成します。Azure MLのサイトにアクセスし、「Sign up here」をクリックします（図AP2.1）。

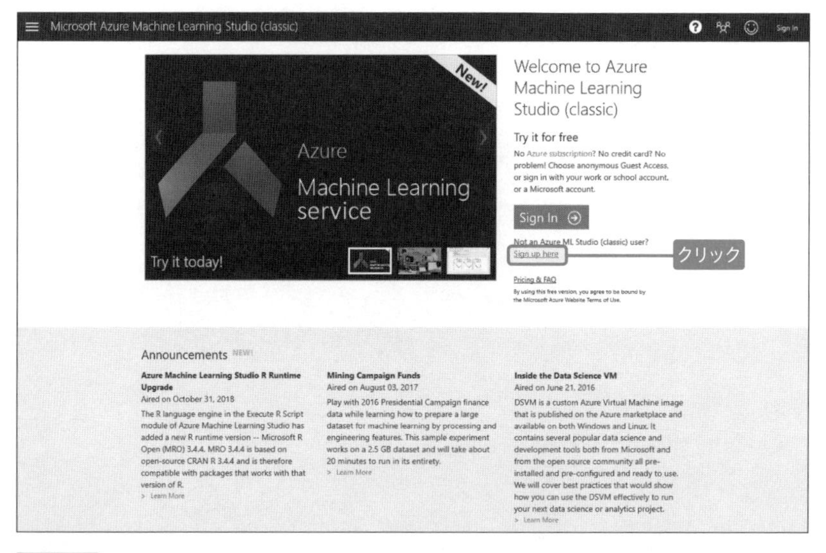

図AP2.1 Azure ML

URL https://studio.azureml.net/

ワークスペースのプランを選択します。ここでは無料で使える「Free Workspace」を利用します。「Free Workspace」の「Sing In」をクリックします（図AP2.2）。

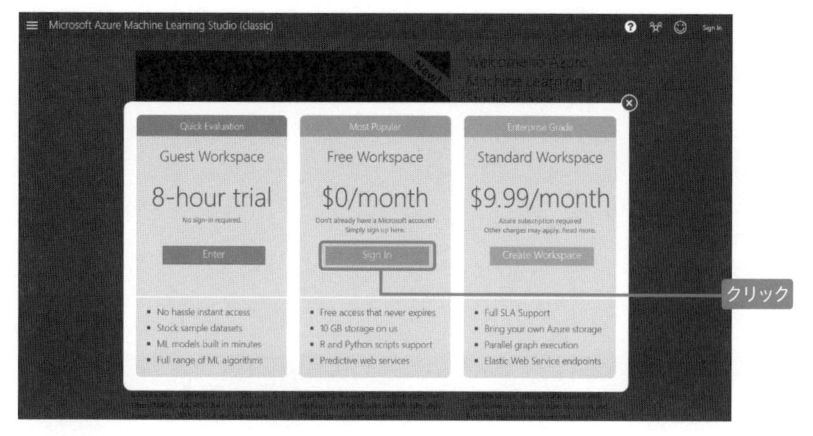

図AP2.2 「Free Workspace」で「Sign In」をクリック

MEMO

Microsoftアカウント

Microsoftアカウントをお持ちでない方は「Sign up here」をクリックしてMicrosoftアカウントを作成してください。

Azureからサインアウトしている場合は、Microsoftアカウントを選択し（図AP2.3❶）、続けてパスワードを入力して❷、「サインイン」をクリックし❸、ログインします。

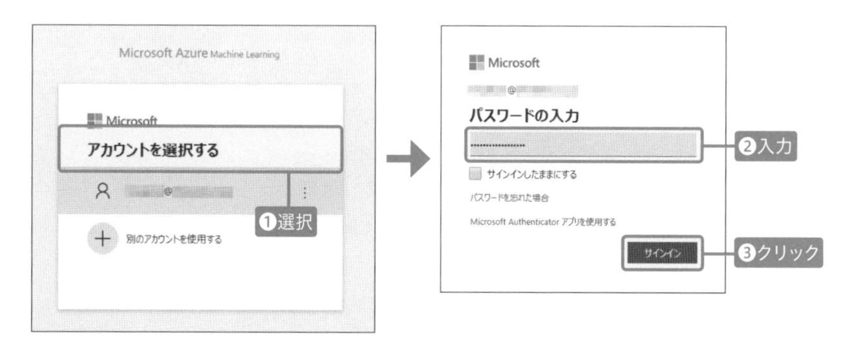

図AP2.3 Microsoftアカウントでログインする

ログインすると「Microsoft Azure Machine Learning Studio (classic)」画面が表示されます（図AP2.4）。ここでは、Azure MLを使って画像認識ができるAIを作成します。

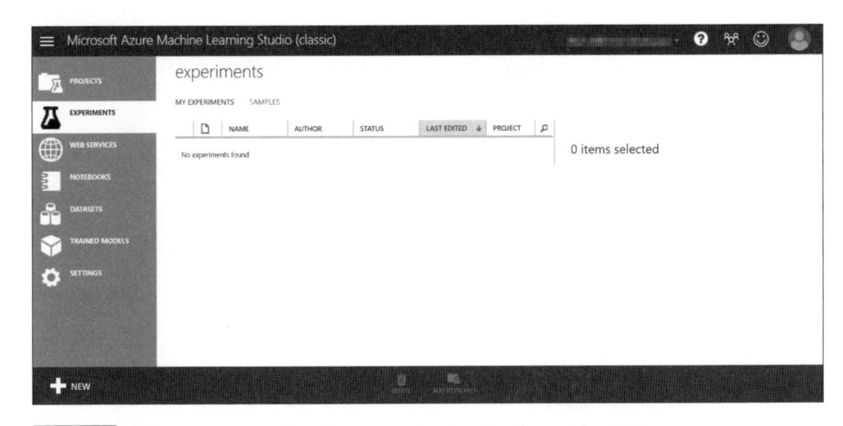

図 AP2.4 「Microsoft Azure Machine Learning Studio（classic）」画面

AP2-1-2 CNNとは

画像認識ができるAIを作成するために、機械学習のモデルとして、CNN（Convolutional Neural Network、畳み込みニューラルネットワーク）を用います。

CNNとは、画像認識に特化したニューラルネットワークの1つです（図 AP2.5）。

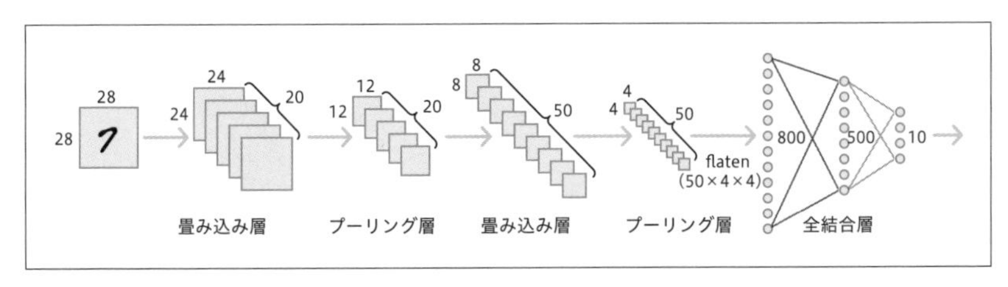

図 AP2.5 CNN（Convolutional Neural Network）

- 畳み込み層：エッジなどの特徴を抽出する「画像処理」
- プーリング層：画像サイズを小さくする「画像処理」

ニューラルネットワークやCNNの詳しい説明については「AI研究所」のサイトが参考になります。

- AI研究所
  URL https://ai-kenkyujo.com/term/neural-network/

MEMO

利用するCSVデータ

CNNでは、大量のデータを事前に用意して機械学習をするのですが、画像のままではAzure MLで学習データとして利用することができないためCSVデータに変換する必要があります。ここではあらかじめ画像データをCSVに変換してあるデータを利用します。事前に株式会社VOSTのダウンロードサイトから学習用とテスト用のCSVデータをダウンロードしてください。

- ダウンロードサイト
  URL https://iot-kenkyujo.com/book/

AP2-1-3 学習用・テスト用のCSVデータのアップロード

Azure MLに学習用とテスト用のCSVデータをアップロードします。

画面左のワークメニューから「DATASETS」をクリックして（図AP2.6 ❶）、「NEW」をクリックします❷。

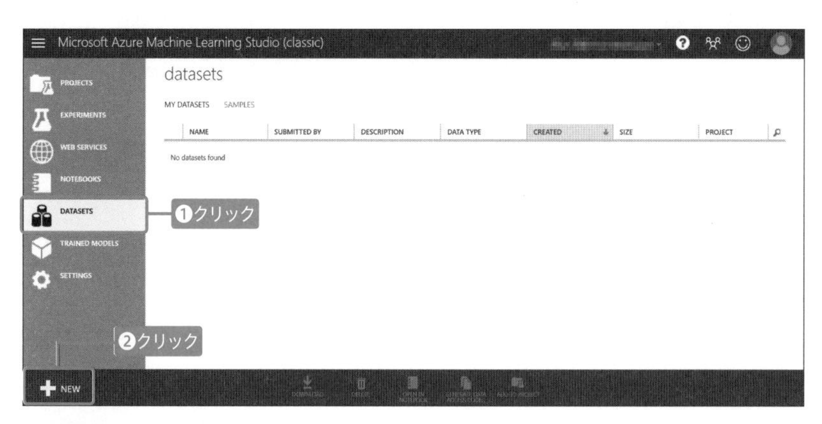

図AP2.6 「NEW」をクリック

「FROM LOCAL FILE」をクリックします（図AP2.7）。

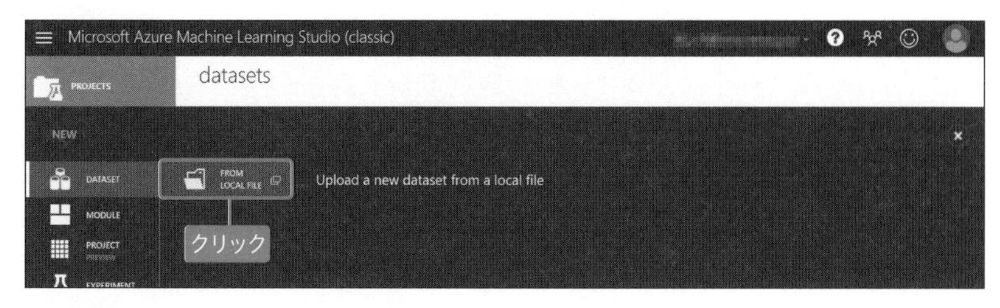

図AP2.7 「FROM LOCAL FILE」をクリック

株式会社VOSTのダウンロードサイトからダウンロードしたtest.csvを選択し(図AP2.8 ❶)、プルダウンメニューから「Generic CSV File With no header (.nh.csv)」を選択します❷。右下にあるチェックマークをクリックします❸。もう1つのtrain.csvも同様の手順でアップロードします。アップロードが完了すると❹のようになります。

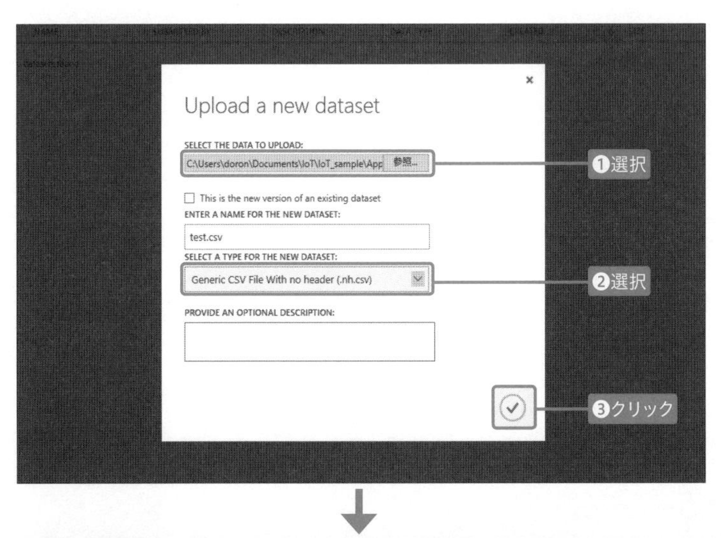

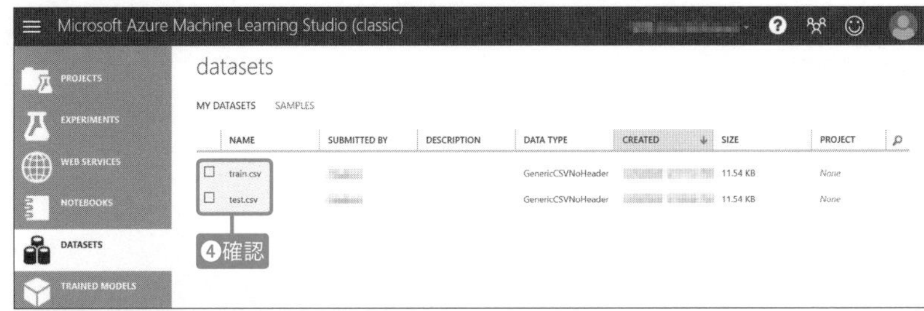

図AP2.8 CSVファイルをアップロード

AP2-1-4 新規実験キャンパスを作成する

CSVデータのアップロードができたら続いて新規実験キャンパスを作成します。

画面左のワークメニューから「EXPERIMENTS」をクリックして(図AP2.9 ❶)、「NEW」をクリックします❷。

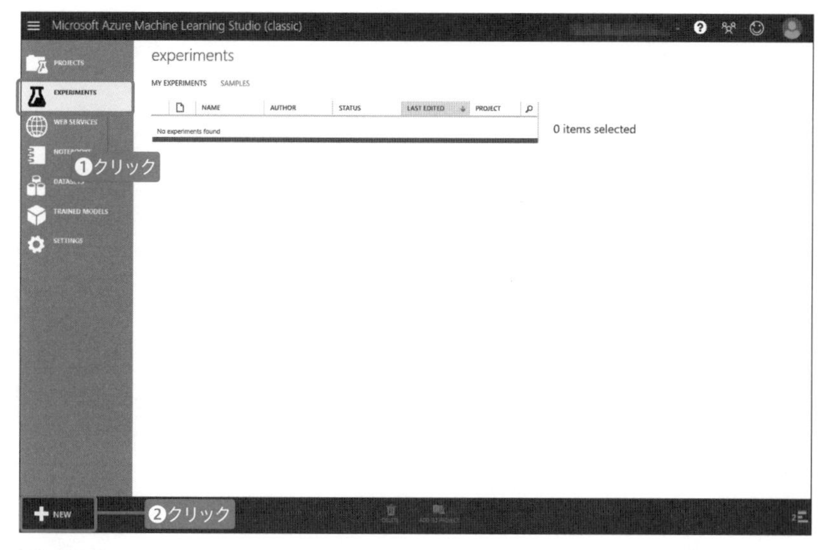

図AP2.9 「EXPERIMENTS」→「NEW」をクリック

「Blank Experiment」をクリックします（図AP2.10）。

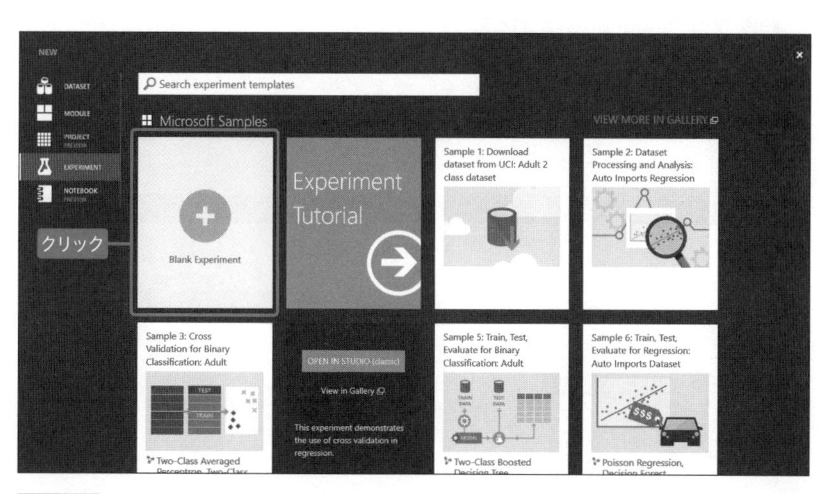

図AP2.10 「Blank Experiment」をクリック

表示されたモジュールパレットから「Saved Datasets」→「My Datasets」をクリックして（図AP2.11❶❷）、先ほどアップロードしたCSVファイルを実験キャンバスにドラッグします❸❹。

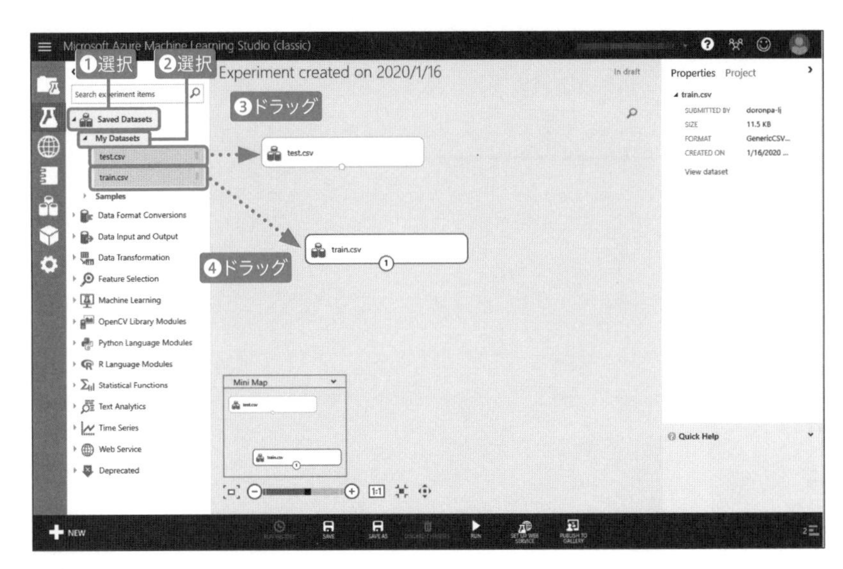

図 AP2.11 CSVファイルを実験キャンバスにドラッグ

AP2-1-5 訓練モデルの用意

学習させるための訓練モデルを用意します。

モジュールパレットから「Machine Learning」（図AP2.12 ❶）→「Train」❷

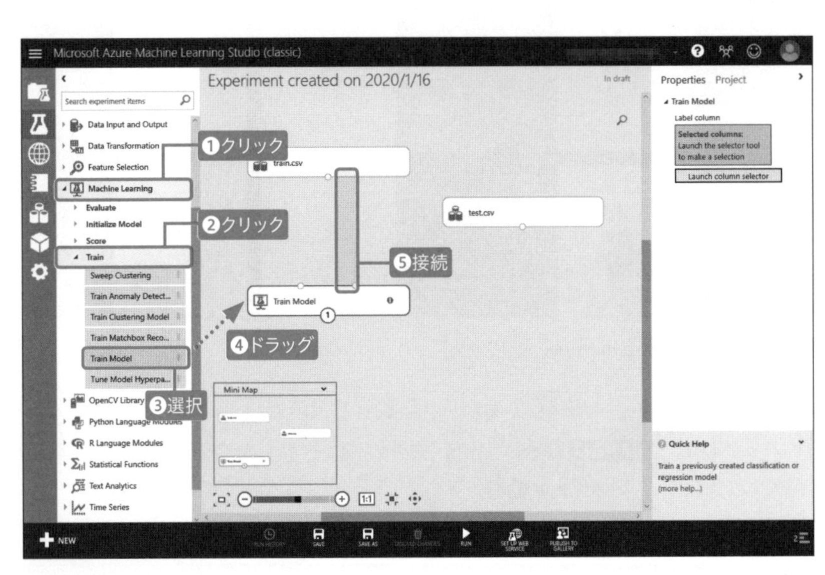

図 AP2.12 「Train Model」を選択して、学習用CVSファイルと接続する

→「Train Model」を選択し❸、実験キャンバスにドラッグして❹、学習用のCSVデータの丸いマーク（緑色の○）と「Train Model」をドラッグ&ドロップしてつなぎます❺。

どの項目が予測した結果なのかがわからないので、それを教える必要があります。「Train Model」をクリックして（図AP2.13❶）、プロパティの「Launch column selector」をクリックします❷。

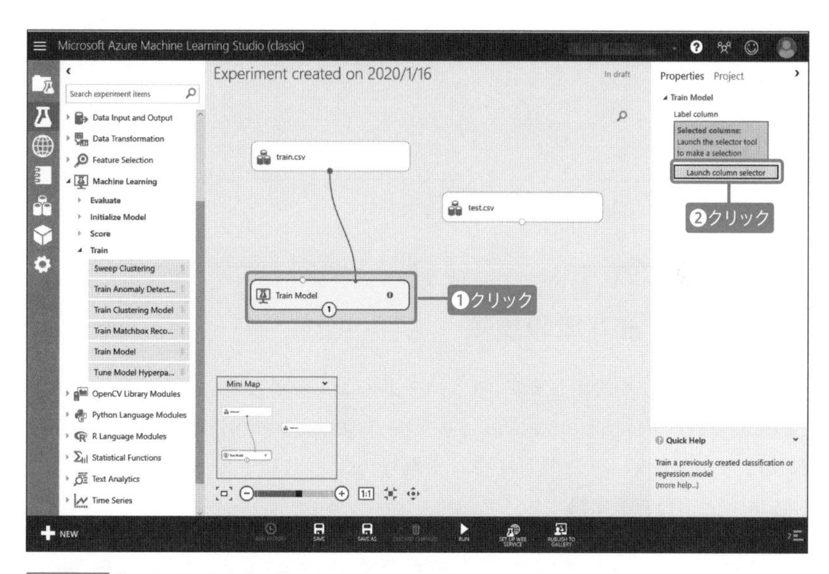

図AP2.13 「Train Model」→「Launch column selector」をクリック

「Select a single column」画面が表示されるので、「WITH RULES」タブをクリックして（図AP2.14❶）、プルダウンメニューから「Col1」を選択し❷、右下のチェックマーク（✓）をクリックします❸。

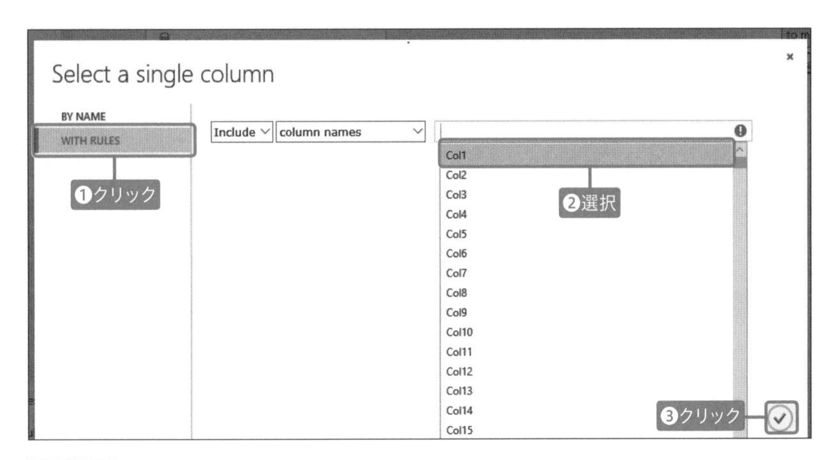

図 AP2.14「Select a single column」画面の設定

AP2-1-6 学習方法の設定

続いて学習方法を設定します。モジュールパレットから「Machine Learning」（図 AP2.15 ❶）→「Initialize Model」❷→「Classification」❸→「Multiclass Neural Network」を選択して❹、実験キャンバスにドラッグし❺、「Train Model」とつなぎます❻。

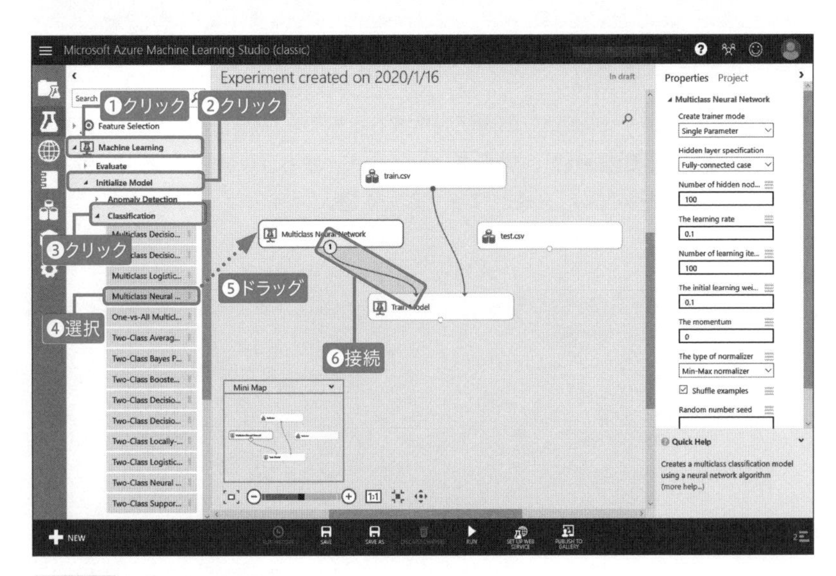

図 AP2.15 学習方法を設定する

「Multiclass Neural Network」をクリックして（図AP2.16❶）、プロパティの値を設定します。プロパティの「Hidden layer specification」で「Custom definition script」に選択し❷。ポップアップエディタのボタンをクリックして❸、エディタを表示し、リストAP2.1のパラメータを入力します❹。入力したらチェックマークをクリックします❺。「Number of learning iterations」を「300」に設定します❻。

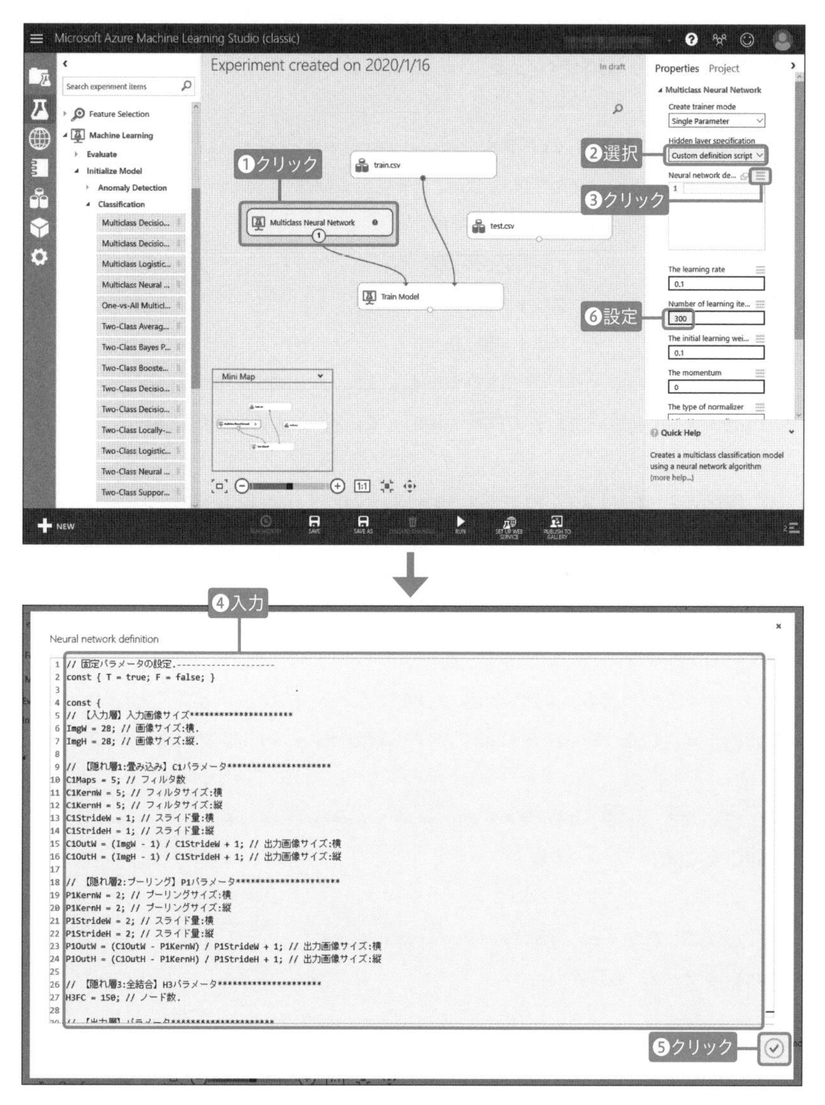

図AP2.16「Multiclass Neural Network」のプロパティを設定

リストAP2.1 「Custom definition script」のパラメータ

```
// 固定パラメータの設定---------------------
const { T = true; F = false; }

const {
// 【入力層】入力画像サイズ**********************
ImgW = 28; // 画像サイズ：横
ImgH = 28; // 画像サイズ：縦

// 【隠れ層1：畳み込み】C1パラメータ**********************
C1Maps = 5; // フィルタ数
C1KernW = 5; // フィルタサイズ：横
C1KernH = 5; // フィルタサイズ：縦
C1StrideW = 1; // スライド量：横
C1StrideH = 1; // スライド量：縦
C1OutW = (ImgW - 1) / C1StrideW + 1; // 出力画像サイズ：横
C1OutH = (ImgH - 1) / C1StrideH + 1; // 出力画像サイズ：縦

// 【隠れ層2：プーリング】P1パラメータ**********************
P1KernW = 2; // プーリングサイズ：横
P1KernH = 2; // プーリングサイズ：縦
P1StrideW = 2; // スライド量：横
P1StrideH = 2; // スライド量：縦
P1OutW = (C1OutW - P1KernW) / P1StrideW + 1; // 出力画像サイズ：横
P1OutH = (C1OutH - P1KernH) / P1StrideH + 1; // 出力画像サイズ：縦

// 【隠れ層3：全結合】H3パラメータ**********************
H3FC = 150; // ノード数

// 【出力層】パラメータ**********************
OutN = 2; // 分類数
}
```

```
// ハイパーパラメータの設定--------------------
// 入力層
input Picture [ImgH, ImgW]; // 画像入力

// 第1層 C1:畳み込み層
hidden C1 [C1Maps, C1OutH, C1OutW] // 出力画像[フィルタ数]x➡
[画像縦]x[画像横]
from Picture convolve {
InputShape = [ImgH, ImgW]; // 入力画像サイズ
KernelShape = [C1KernH, C1KernW]; // フィルタサイズ
Stride = [C1StrideH, C1StrideW]; // スライド量
Padding = [T, T]; // パディング(余白を付ける)->入力画像と同じサイズに➡
できる
MapCount = C1Maps; // フィルタの数
}

// 第2層 P1:プーリング層
hidden P1 [C1Maps, P1OutH, P1OutW] // 出力画像[フィルタ数]x➡
[画像縦]x[画像横]
from C1 max pool {
InputShape = [C1Maps, C1OutH, C1OutW]; // 入力画像
KernelShape = [1, P1KernH, P1KernW]; // プーリングサイズ
Stride = [1, P1StrideH, P1StrideW]; // スライド量
}

// 第3層:全結合層
hidden H3 [H3FC] from P1 all; // 全結合

// 出力層
output Result [OutN] softmax from H3 all; // ソフトマックス使用
```

MEMO

Net#

「Custom definition script」のパラメータは「Net#」という言語で記述します。Net#を利用することで、全結合の他に畳み込み層やプーリング層といった隠れ層を作成できます。
Net#の詳しい使い方については以下のページを参照してください。

- Azure Machine Learning Studio（クラシック）での Net# ニューラル ネットワーク仕様言語について
  URL https://docs.microsoft.com/ja-jp/azure/machine-learning/studio/azure-ml-netsharp-reference-guide

AP2-1-7 スコア付モデルの配置

スコア付モデルを配置します。

モジュールパレットから「Machine Learning」（図AP2.17❶）→「Score」❷→「Score Model」を選択して❸、実験キャンバスにドラッグし❹、「Train Model」❺と「test.csv」❻につなぎます。

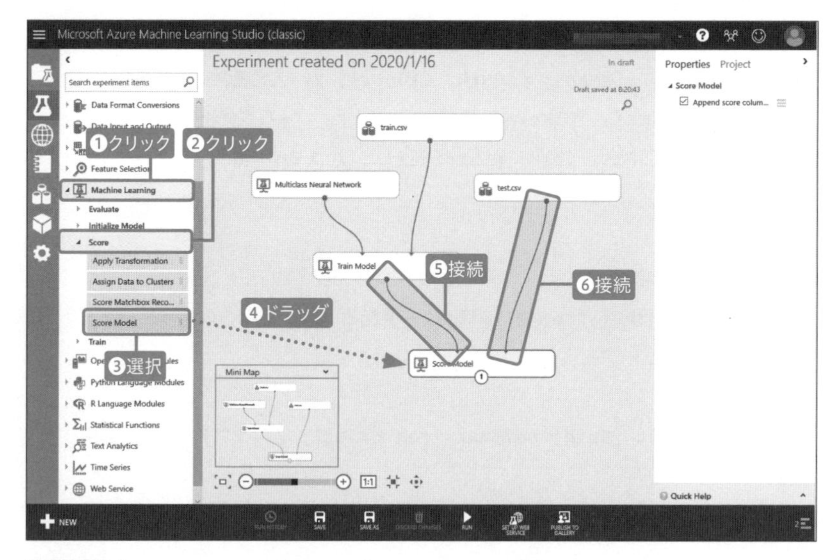

図AP2.17 「Score Model」を選択して、「Train Model」と「test.csv」に接続

AP2-1-8 評価モデルの配置

評価モデルを配置します。

モジュールパレットから「Machine Learning」(図AP2.18❶) →「Evaluate」❷→「Evaluate Model」を選択して❸、実験キャンバスにドラッグし❹、「Score Model」❺とつなぎます。

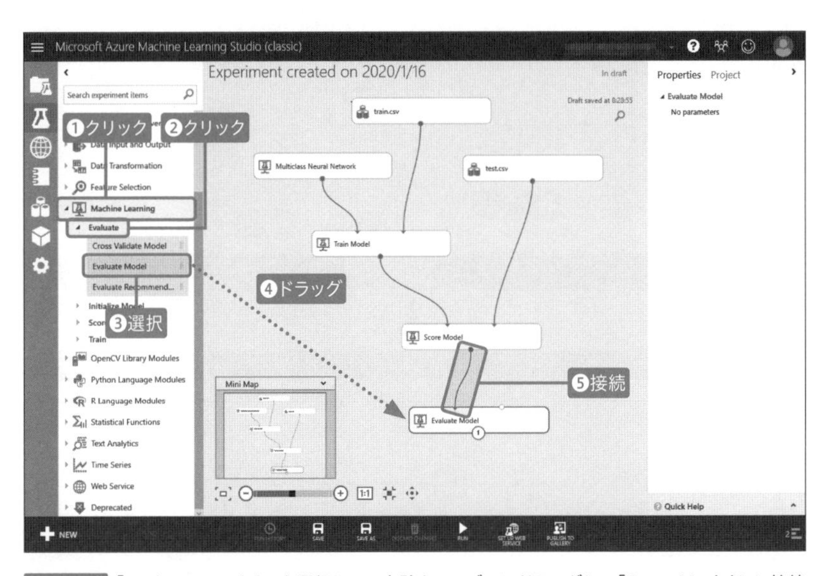

図AP2.18 「Evaluate Model」を選択して、実験キャンバスにドラッグし、「Score Model」に接続

AP2-1-9 学習の開始と結果の確認

画面の下にある「SAVE」をクリックしてここまでの設定を保存します(図AP2.19❶)。「RUN」❷→「Run」を選択すると❸、実行されます。無事実行されると、すべてにチェックマークが付きます❹。

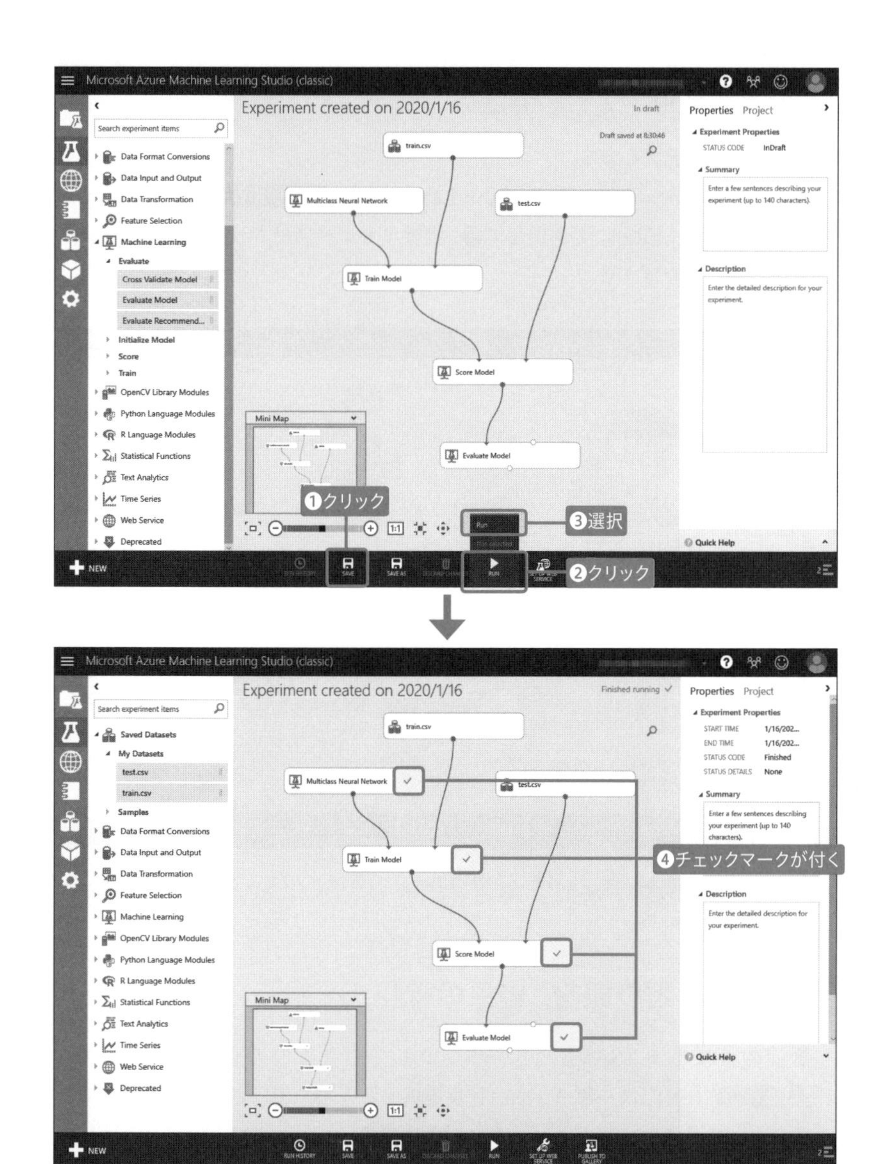

図 AP2.19 「RUN」→「Run」を選択して実行

実験キャンバス内の「Evaluate Model」下にある丸いマーク（○）を右クリックすると（図 AP2.20❶）ポップアップメニューが表示されます。ポップアップメニューの中から「Visualize」を選択します❷。

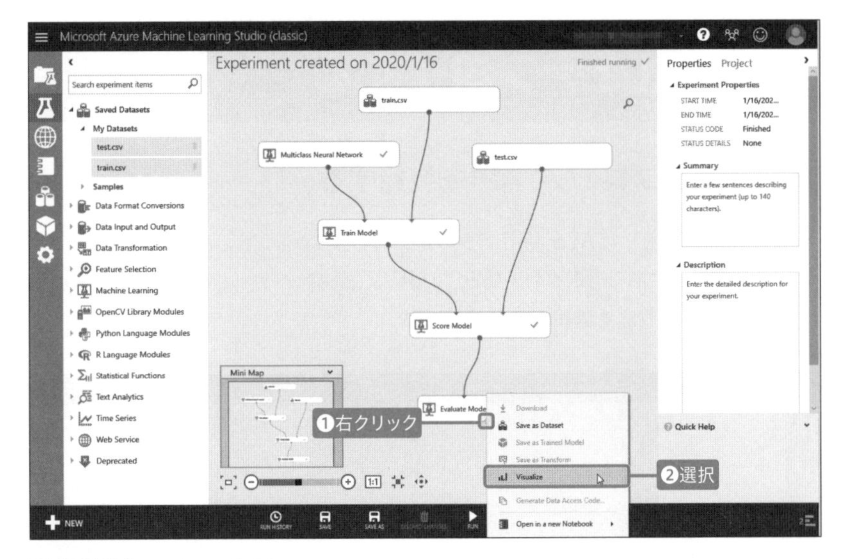

図AP2.20「Visualize」を選択

表示された画面から「学習済みモデル」の精度を確認します（図AP2.21❶）。「SAVE」をクリックして❷、学習済みモデルを保存します。

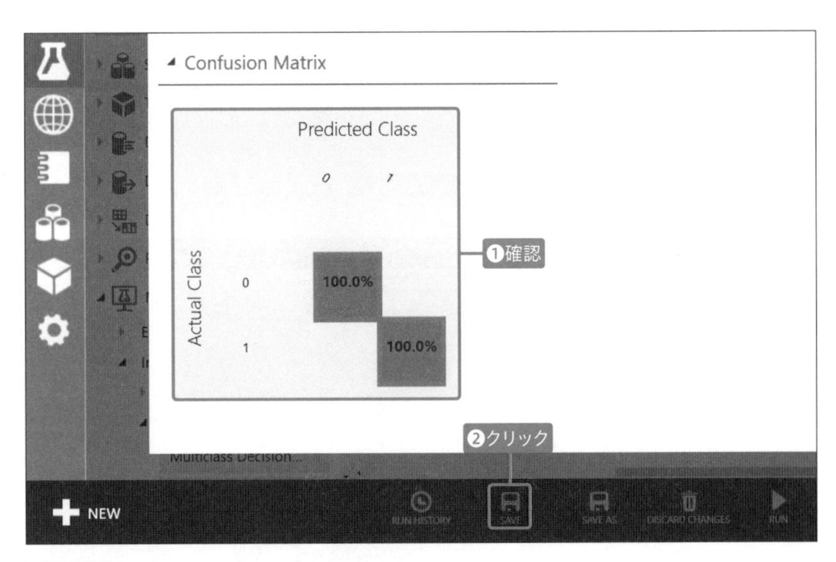

図AP2.21「学習済みモデル」の精度を確認

以上で機械学習が完了しました。

Predicted Classが予想したクラスでActual Classが実際のクラスとなります。

AP2.2 AIをデプロイする

AP2-2-1 デプロイしてAPIを発行する

AP2.1節で作成したAIを利用できるようにデプロイして、APIを発行します。

図AP2.22の下にある「SET UP WEB SERVICE」❶→「Predictive Web Service [Recommended]」を選択します❷。

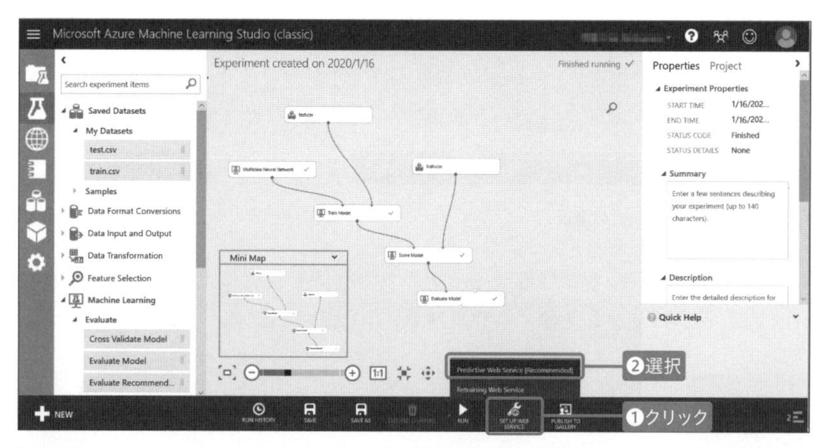

図AP2.22 「SET UP WEB SERVICE」→「Predictive Web Service [Recommended]」を選択

画面が切り替わったら「RUN」（図AP2.23❶）→「Run」❷を選択します。

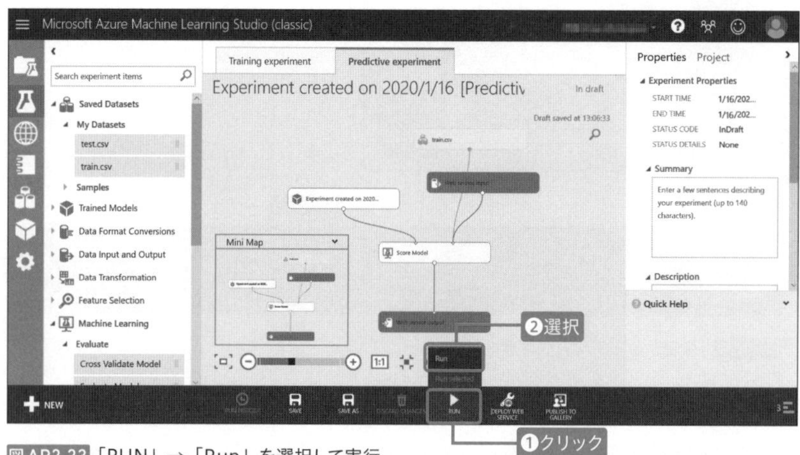

図AP2.23 「RUN」→「Run」を選択して実行

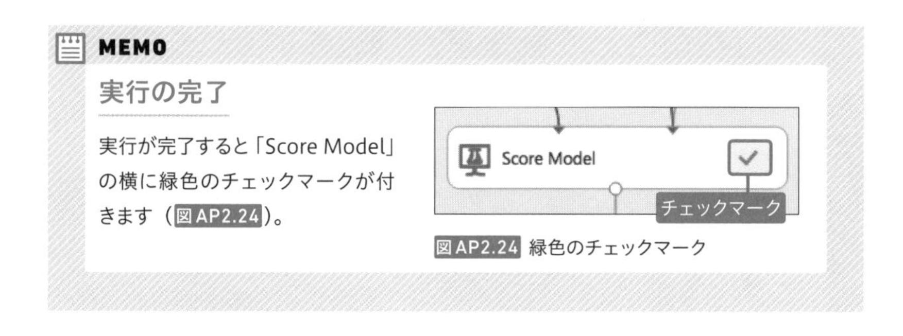

MEMO

実行の完了

実行が完了すると「Score Model」の横に緑色のチェックマークが付きます（図AP2.24）。

図AP2.24 緑色のチェックマーク

画面下の「DEPLOY WEB SERVICE」をクリックします（図AP2.25）。

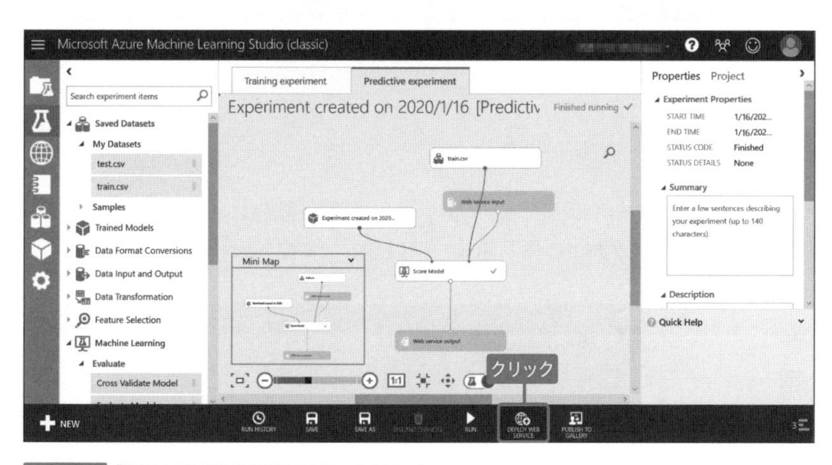

図AP2.25 「DEPLOY WEB SERVICE」をクリック

処理が終わるとAPIが発行され「WEB SERVICE」のワーク画面に切り替わります（図AP2.26❶）。学習済みモデルをプログラムに組み込むには学習済みモデルのAPI keyとAPI URLの2つが必要になります。

API key

「WEB SERVICE」のワーク画面の「API key」の下のコードがAPI keyです（図AP2.26❷）。

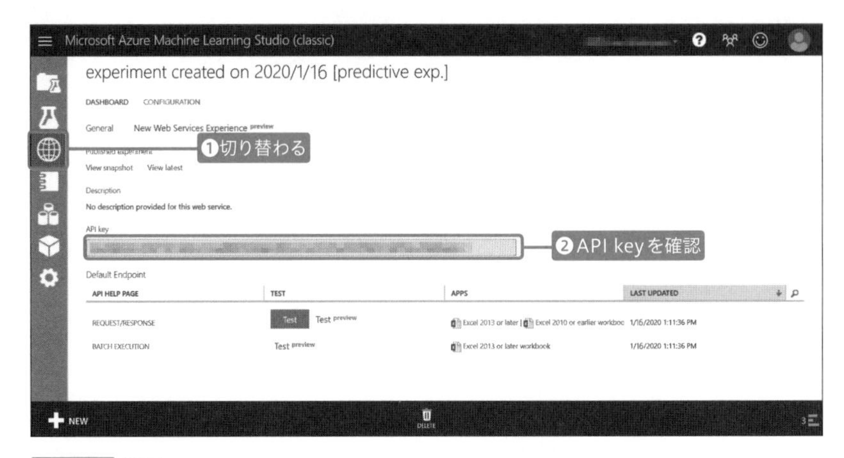

図AP2.26 API key

API URL

「REQUEST/RESPONSE」をクリックし（図AP2.27❶）、表示される画面の「POST」の横に書かれているURLがAPI URLです❷。

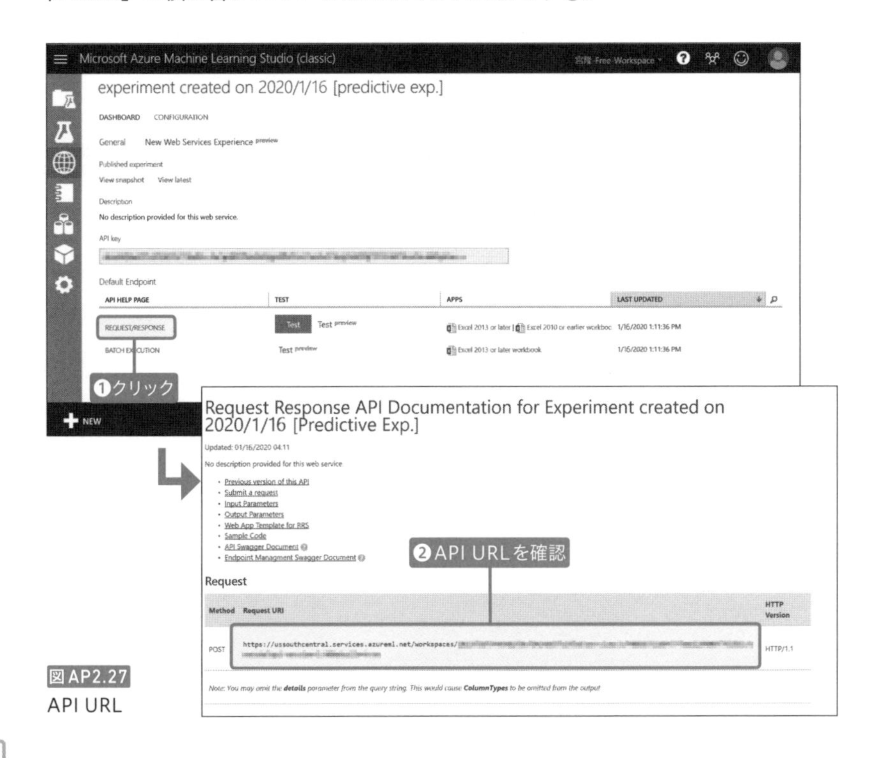

図AP2.27
API URL

AP2-2-2 プログラムにAIを組み込む流れ

プログラムにAIを組み込んで利用する流れは図AP2.28のようになります。API KeyとAPI URLは第8章の8.8.2項（リスト8.16）で利用します。AIのプログラムへの組み込み方については、本書の範疇を超えていますので、サンプル（MEMO参照）で確認してください。

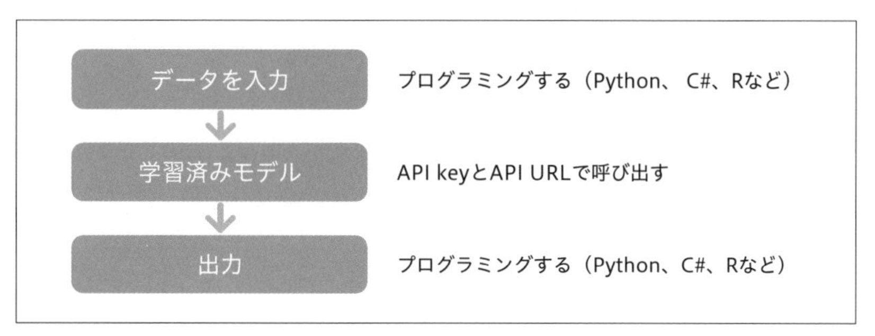

図AP2.28 プログラムにAIを組み込んで利用する流れ

MEMO

サンプルコード

「WEB SERVICE」のワーク画面の「REQUEST/RESPONSE」をクリックして表示される画面の一番下の箇所で、プログラミングのサンプルコードを確認することができます（図AP2.29）。

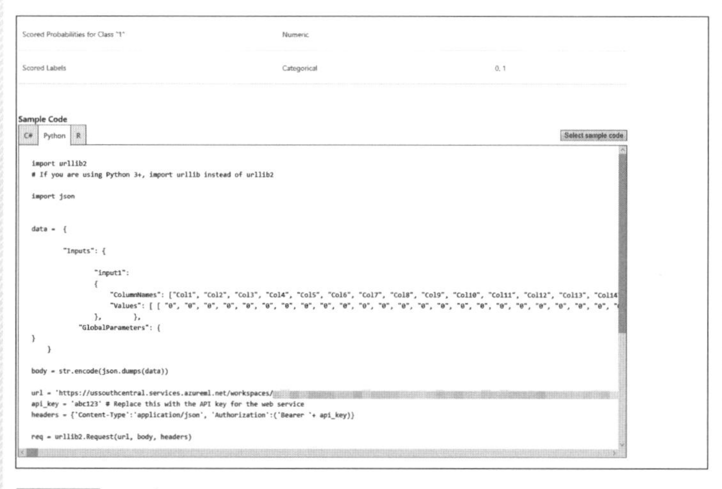

図AP2.29 サンプルコード

Appendix 3

Pythonの基礎

付録3では、Pythonの基本的なコードの書き方などを紹介します。Thonny Python IDEでサンプルを実行して、動かしながら学んでみましょう。

AP3.1 Pythonの基礎

変数

Pythonでは**x**や**y**などのアルファベットを使って「変数」を定義することができます（リストAP3.1）。

変数はメモリの中にデータを一時的に保存しておくための領域です。任意の名前を付けて管理することができます。また、変数を使って計算したり、変数に別の値を代入したりすることができます。変数に付けた名前を「変数名」と呼びます。

リストAP3.1 変数の例

In
```
a = 12
```

コメントの挿入

プログラムは、コンピューターに実行させるため、コンピューターが読めるように記述するのはもちろんですが、人間が見てもわかりやすくなければ、メンテナンスや機能強化ができません。そのため、後から見てわかりやすくするためのコメント機能が備わっています（リストAP3.2）。

コメント化（コメントアウト）をした行はコンピューターが読み込まなくなるため、「Run」をクリックしても実行されません。Pythonでは、**#**の記号を付けることでコメントアウトできます。

リストAP3.2 コメントの例

In
```
# 変数「a」に「12」を代入
a = 12
```

算術演算子

Pythonは加算や乗算などの算術演算子を使うことができます。

Pythonで使用できる主な算術演算子は表AP3.1のとおりです。

表AP3.1 算術演算子の例

演算子	説明
+	足し算をする
-	引き算をする
*	かけ算をする
/	割り算をする
%	割り算の余りを求める
**	累乗を計算する

それでは算術演算子を使い、図AP3.1の三角形の面積を計算してみましょう（リストAP3.3）。

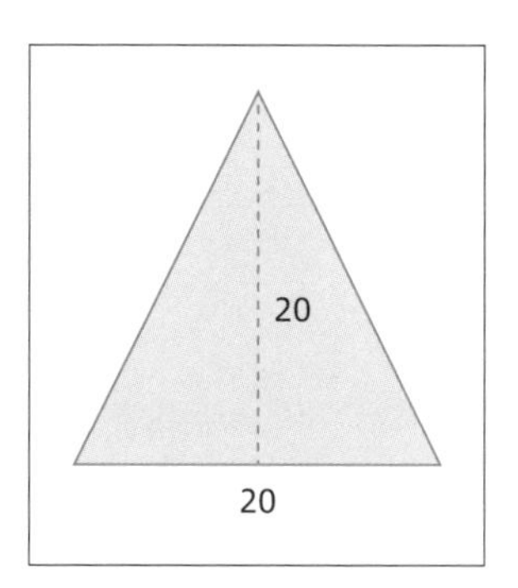

図AP3.1 三角形の面積①

リストAP3.3 三角形の面積を求める

In

```
height = 20
width = 20

area = height * width / 2

print(area)
```

Out

```
200.0
```

データ型

Pythonにはデータ型というものがあります。データ型とはデータの性質を表すもので、整数、実数、文字列といった型があります（表AP3.2）。

表AP3.2 主なデータ型の種類

型	説明
整数	int
実数	float
文字列	str

Pythonでは計算を行う時には数値と数値または、文字列と文字列である必要があります。

もしも、数値と文字列などデータ型が異なるものを計算したい時にはデータ型を変換する作業が必要です。

例えばリストAP3.4のようなプログラムを実行した場合にはエラーが発生します。

リストAP3.4 データ型の揃っていない計算

In

```
kion = 30
print("今日の気温は" + kion + "度です。")
```

Out

```
Traceback (most recent call last):
  File "variable.py", line 4, in <module>
    print("今日の気温は" + kion + "度です。")
TypeError: cannot concatenate 'str' and 'int' objects
```

この場合、リストAP3.5のようにデータ型を変換することでエラーにならないように修正することができます。

リストAP3.5 データ型を変換してリストAP3.4のエラーを回避

In

```
kion = str(30)
print("今日の気温は" + kion + "度です。")

kion = 30
print("今日の気温は" + str(kion) + "度です。")
```

Out

```
今日の気温は30度です。
今日の気温は30度です。
```


MEMO

型の自動設定

Pythonでは、指定しなくても型は自動で設定されます。そのため、リストAP3.4のエラーが出たコードで「kion = 30」のデータ型は自動でint型となります。もし、「kion = 30.5」とした場合は、データ型は自動でfloat型となります。

リスト

変数に値を定義する際に、単一の値だけではなく複数の値をリスト（配列）としてまとめることができます。

例えば、入力データなど複数の値がある場合に、値の数だけ変数を用意するのは大変です。

そういった場合、1つの変数に複数の値を入れる機能が「リスト」です。

リストの値は、前から順番に0（ゼロ）からはじまる番号で管理されていて、この番号をインデックスといいます。生成したリストから値を取り出したい場合はリストAP3.6のように書きます。

リストAP3.6 生成したリストから値を取り出す

In

```
x = [2.0, 1.0, 0.5]
print(x[0])
print(x[1])
print(x[2])
```

Out

```
2.0
1.0
0.5
```

リストは参照するだけでなく、変数のように代入文を書いてリストの値を更新することもできます（リストAP3.7）。

リストAP3.7 代入文を書いてリストの値を更新する

In
```
x = [2.0, 1.0, 0.5]
x[1] = 3.0
print(x)
```

Out
```
[2.0, 3.0, 0.5]
```

また、**append**メソッドを使うことで末尾にデータを追加することができます。

メソッドを使う場合は、そのメソッドで処理したい変数名の後にピリオドを打ってメソッド名でつなぎます（リストAP3.8）。

リストAP3.8 リストの末尾にデータを追加する

In
```
x = [2.0, 1.0, 0.5]
x.append(1.0)
x.append(2.5)
print(x)
```

Out
```
[2.0, 1.0, 0.5, 1.0, 2.5]
```

MEMO

リストを操作するメソッド

他にも表AP3.3のような、リストを操作するメソッドが用意されています。

表AP3.3 リストを操作するメソッド

メソッド	機能の説明
append(x)	値xをリストの末尾に追加する
extend(l)	異なるリストlを末尾に追加する
insert(i, x)	インデックスiの位置に値xを挿入する

（続き）

メソッド	機能の説明
del(i)	リスト中にあるインデックスiの値を削除する
remove(x)	リスト中にある、オブジェクトが同じ値xを削除する（最初に見つかった要素のみ）
pop()	リストの末尾にある要素を取り出し、リストから削除する
clear()	リストの全要素を削除する
index(x)	リストから値xを探してその位置（インデックス）を返す
count(x)	リストの中に値xが何回出現するか回数を返す
sort(key, reverse)	リストを昇順に並び替える（reverse = Trueで降順）

関数

関数とは、与えられた値に対して定められた処理を行って結果を返す機能のことです。

まとまりのある処理を関数として定義することで処理を1つにまとめることができるため便利です。また、処理をまとめることができるためソースコードを短くすることができます。

Pythonで関数を定義するためには 構文AP3.1 のように記述します。

構文AP3.1 Pythonで関数を定義する

```
def 関数名（引数1, 引数2, 引数3, 、、、、、）:
    関数の処理
    return 戻り値
```

「引数」というのは、関数が使用する値のことで、複数指定できます。引数を指定しないでも関数にできます。また、「戻り値」は、関数が処理した時に結果として返す値です。

関数に戻り値がない時は省略することができます。

それでは、 図AP3.2 の三角形の面積を求める関数を作成してみましょう。

リストAP3.9 では関数「**triangle_area**」の引数として**10**と**20**を指定し、戻り値をプリントしています。

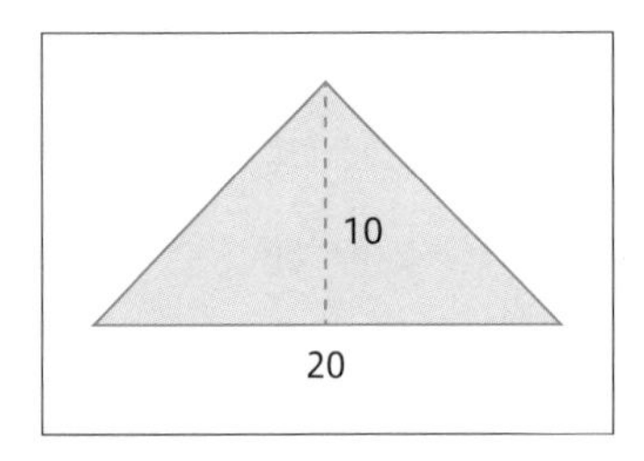

図AP3.2 三角形の面積②

リストAP3.9 三角形の面積を求める関数と実行

In
```
def triangle_area(height, width):
    area = height * width / 2
    return area
print(triangle_area(10, 20))
```

Out
```
100.0
```

MEMO

インデント

関数を定義する際に、どこからどこまでが関数の範囲なのかを明示するために、「インデント」が使用されます。インデントは、[Tab] キーまたは、半角スペース4つで設定できます。複数行を選択して [Tab] キーを押すことでも設定できます。

ループ処理

複数のデータに対して同じ処理を繰り返し行いたい時にループ処理を使用します。

例えば、入力データが複数ある場合などに使用します。ループ処理を行うためには構文AP3.2のようにfor文を使います。

構文AP3.2 for文

```
for 繰り返し変数 in リスト：
    ループ内で実行する処理
```

forとリストの間には「繰り返し変数」と呼ばれる変数を置きます。

繰り返し変数とリストの間には**in**というメソッドを記入します。

リストの要素が、1つずつ繰り返し変数に代入されて、ループ処理が実行されていきます。

ループで実行したい処理はfor文の後に記述します。

例えば、リストの中身を1つずつプリントする場合はリストAP3.10のように記述します。

リストAP3.10 リストの中身を1つずつプリントする

In

```
name = ["太郎", "次郎", "三郎", "四郎", "五郎"]
for i in name:
    print(i)
```

Out

```
太郎
次郎
三郎
四郎
五郎
```

MEMO

決まった回数をループする

rangeメソッドを使うことで、決まった回数のループを実行させることができます（構文AP3.3）。

構文AP3.3 決まった回数のループを実行する

```
for 繰り返し変数 in range(x)：
    ループ内で実行する処理
```

xにはループを実行したい回数を記入します。
rangeメソッドは機械学習の際に指定する学習の反復回数などで使用することができます。

外部データの読み込み

Pythonで外部データを読み込む場合には、**open**メソッドを使用します（構文AP3.4）。

openメソッドは、ファイルを開くために必要な情報（ファイル名など）を引数として与えてデータを呼び出します。

構文AP3.4 外部データの読み込み

```
変数名= open("データ名", "r" ,encoding="UTF-8")
```

引数のrは読み込み専用でデータを開くことを表しています。
r以外にも表AP3.4のような引数があります。

表AP3.4 主な引数の例

引数	説明
r	読み込み専用
w	書き込み専用
a	ファイルの末尾に追加
r+	更新（読み取りと書き込み）
w+	ファイルを空にして、そのファイルを読み書き用に開く
a+	ファイルを読み書き用に開いて、ファイルの末尾に追加
b	ファイルをバイナリモードで開く（他のオプションと一緒に使用）

また、特にWindows環境では、文字コードによって読み込みエラーとなる場合があるため、引数「**encoding="UTF-8"**」で「UTF-8」のエンコードに変換しておきます。

呼び出したデータはループ処理を利用して変数に1行ずつ格納します（構文AP3.5）。

構文 AP3.5 呼び出したデータを1行ずつ変数に格納する

```
for 変数名 in データを開く時に使用した変数名:
```

開いたファイルは**close**メソッドで閉じることができます。

同時に開けるファイル数は決まっているため、処理が終わって必要のないファイルは閉じておきましょう（構文 AP3.6）。

構文 AP3.6 処理が終わって必要のないファイルを閉じる

```
データを開く時に使用した変数名 = close()
```

条件分岐

条件分岐は、制御構文の中でもっとも基本的な構文で、「もし○○ならば、××する。そうでなければ、△△する」のように、ある条件を元にしてその条件が真の時と、偽の時で、プログラムの動作を変更することができます。

Pythonで条件分岐を行う時は構文 AP3.7のようにif構文を使います。

構文 AP3.7 if構文

```
if (比較式):
    比較式が真（Ture）の場合の処理
else:
    比較式が偽（False）の場合の処理
```

この時、**else**以下の部分は省略して記述することができます。

比較式に使える比較演算子は表 AP3.5のとおりです。

表 AP3.5 比較式に使える比較演算子

演算子	説明
a == b	aとbが等しい
a != b	aとbが等しくない
a > b	aがbより大きい
a >= b	aがbと等しいかそれ以上
a < b	aがbより小さい
a <= b	aがbと等しいかそれ以下

また、直列にif構文を並べる時には**elif**を使用します。

構文AP3.8のように記述します。

構文AP3.8 elifの例

```
if (比較式A):
    比較式Aが真(Ture)の場合の処理
elif (比較式B):
    比較式Aが偽(False)の場合で、比較式Bが真(Ture)の場合の処理
elif (比較式C):
    比較式Aと比較式Bが偽(False)の場合で、比較式Cが真(Ture)の場合の処理
else:
    比較式Aと比較式Bと比較式Cが偽(False)の場合の処理
```

INDEX

PROFILE 著者プロフィール

株式会社VOST（ヴォスト）

テクニカルジェネラリスト 坂元 浩二。
株式会社VOSTは、IoT・AIを用いた教育プログラムの提供やスマートファクトリープラットフォームの構築などを行う。
各種セミナーはエンジニアを中心に人気を博している。

- 株式会社VOST
  URL https://vost.co.jp/

装丁・本文デザイン　大下 賢一郎
カバーイラスト　iStock.com:Imam Fathoni
DTP　株式会社シンクス
校正協力　佐藤 弘文
検証協力　村上 俊一

Python（パイソン）で動かして学ぶ！
あたらしいIoT（アイオーティー）の教科書

2020年3月11日　初版第1刷発行

著　者　株式会社VOST（ヴォスト）(https://vost.co.jp/)
発行人　佐々木 幹夫
発行所　株式会社翔泳社(https://www.shoeisha.co.jp)
印刷・製本　日経印刷株式会社

ISBN978-4-7981-6249-2　Printed in Japan